Das Arbeiterrecht für Eingeborene in Deutsch- und Britisch-Ostafrika

von

Dr. jur. Rudolf Schrader
Hamburg

Hamburg
L. Friederichsen & Co.
1920

Druck von Ackermann & Wulff Nachflg., Grosardt & Gowa, Hamburg 11.

Generalmajor von Lettow-Vorbeck

in Verehrung gewidmet.

Vorwort.

Es ist nicht Aufgabe der Wissenschaft, in den politischen Tageskampf einzugreifen. Deshalb soll diese Arbeit keine Entschuldigungs- oder Anschuldigungsschrift sein, sondern streng sachlich die Wege betrachten, die deutsche und britische Gesetzgeber gegangen sind, um das Problem, das heute mehr als je die Gemüter bewegt, in einem Teil der neuesten Welt zu lösen, der ihrer Obhut anvertraut war. Die Antwort auf die Frage, ob eine der dort arbeitenden Mächte wegen der Richtung, die ihren Weg bei diesem Bestreben bestimmte, das Recht auf weitere kolonisatorische Tätigkeit abgesprochen werden kann, sei jedem unbefangenen Urteil überlassen.

Vorliegende Arbeit ist entstanden auf Grund des reichhaltigen Materials in den Archiven und der Bücherei des Hamburgischen Kolonialinstituts und der Seminare für Kolonialrecht und für Kolonialwirtschaft in Hamburg. Diesen Stellen, sowie der Bücherei des Reichskolonialamtes bin ich zu besonderem Dank verpflichtet für die bereitwillige Unterstützung, die sie meiner Arbeit gewährten. Vor allem aber drängt es mich, auch an dieser Stelle Herrn Regierungsrat Zache meinen Dank für seine wertvollen Auskünfte auszusprechen.

Hamburg, am fünften Jahrestag des Sieges bei Tanga.

R. S.

Inhalt.

A. Einleitung.

I. Abgrenzung des Themas.

Die vorliegende Arbeit soll sich mit der rechtlichen Behandlung der für die Entwicklung der ostafrikanischen Kolonien so wichtigen Arbeiterfrage in dem deutschen und englischen Schutzgebiete Ostafrikas beschäftigen. Zum Vergleich mit den deutsch-ostafrikanischen Bestimmungen soll die Regelung in dem benachbarten britischen „East Africa Protectorate" (im folgenden Britisch-Ostafrika genannt) herangezogen werden.

Unter „Eingeborenen" verstehen wir für D. O. A. die Angehörigen der im Schutzgebiete heimischen farbigen Stämme und die ihnen rechtlich gleichgestellten Angehörigen farbiger Rassen.[1]) In Britisch-Ostafrika beschränkt sich der Begriff „Eingeborener" der für uns maßgebenden O.,[2]) auf die „Eingeborenen Afrikas, die nicht europäischer oder asiatischer Herkunft sind".

„Arbeiter" im Sinne dieser Abhandlung bedeutet nur den freien Farbigen, der kraft eines Vertragsverhältnisses oder gesetzlicher Vorschrift für eine begrenzte Zeit zur Arbeit verpflichtet ist, also nicht der Sklave, dessen Arbeitskraft ohne zeitliche Beschränkung Eigentum des betreffenden Besitzers ist. Das zur Zeit der arabischen Kolonisation der ostafrikanischen Gebiete geltende System der Sklaverei kam für die Beziehungen der Europäer zu den Eingeborenen rechtlich von Anfang an nicht in Betracht, da das europäische Recht, das sie mit sich in das Land brachte, dieses Institut nicht mehr kannte.[3]) In Deutsch-Ostafrika wird durch Veräußerung an einen Nicht-Eingeborenen jeder Sklave frei. Dasselbe gilt für den Fall der Veräußerung an einen Farbigen, der Untertan einer fremden Macht ist.[4]) Außerdem sind alle nach dem 31. Dezember 1905 geborenen Sklaven — auch die im Eigentum von Nichteuropäern stehenden — frei.[5])

Die Ordnung der Haussklaverei unter Farbigen, die in D. O. A. zwar besteht, aber in absehbarer Zeit erloschen sein wird, soll uns hier nicht weiter beschäftigen.[6])

---

[1]) Gerstmeyer, S. 25; V. v. 9. 11. 1900, § 2; V. v. 3. 10. 04; V. v. 10. 6. 10 (L.G.S. I. S. 194).

[2]) M. S. O. s. 1, 2.

[3]) v. Hoffmann Einführung, S. 135.

[4]) V. v. 4. 9. 1891 (L.G.S. I. S. 329).

[5]) V. v. 24. 12. 1904 (L.G.S. I. S. 332).

[6]) Hierüber unterrichtet die Arbeit von F. Weidner „Die Haussklaverei in Deutsch-Ostafrika", Jena 1915.

In Britisch-Ostafrika sind seit dem 1. Oktober 1907 alle bisherigen Sklaven bedingungslos frei geworden.[1])

Es ist nun die Hauptaufgabe der kolonialen Wirtschaftspolitik, die Eingeborenen, denen die Natur des Landes die Beschaffung ihres Lebensunterhaltes bei ihren geringen Bedürfnissen vielfach ohne große Arbeitsleistungen ermöglicht, zum Werteschaffen über diese ihre primitiven unmittelbaren Bedürfnisse hinaus zu veranlassen. Dieses kann geschehen, entweder durch äußeren Zwang — unmittelbar oder mittelbar durch Auferlegung von Steuern —, oder dadurch, daß man in dem Neger das Verlangen nach Besitz erweckt, zu dessen Befriedigung er freiwillig auf Gelderwerb ausgeht. Mit fortschreitender Kultur wird dieses Mittel das wichtigste, und dementsprechend ist die Regelung des freien Arbeitsvertrages die Grundlage der Arbeiterverfassung in beiden Kolonien. Besondere Vorschriften sind in den beiden Schutzgebieten erlassen zur Regelung der Arbeiterein- und Ausfuhr, da im Interesse der wirtschaftlichen Entwicklung die Menge der Arbeitskräfte im Lande vor Verringerung bewahrt und eventuell durch Zufuhr von außen vergrößert werden muß.

Entsprechend diesen Gesichtspunkten sollen die gesetzgeberischen Maßnahmen zur Behandlung der Arbeiterfrage in den beiden Kolonien betrachtet werden.

II. Die Rechtsquellen.

Durch das Fehlen des natürlichen Arbeitszwanges, der in Europa eine Grundlage der Wirtschaft bildet, wird die Arbeiterfrage beim Zusammentreffen der weißen Rasse mit den Ureinwohnern eines tropischen Neulandes zu einem Problem, das auf ganz anderen Einrichtungen und Verhältnissen beruht, als sie der Gesetzgeber bei Regelung der entsprechenden Verhältnisse im europäischen Mutterlande vorfindet.

In den deutschen Schutzgebieten wird das grundsätzlich geltende deutsche Recht in diesem Falle nicht angewendet,[2]) ebenso findet der Geltungsbereich des britischen common law, „das dem Engländer überall folgt, wohin er gehen mag“, seine Grenze an dem Vorbehalt, daß der britische Kolonist nur so viel davon mit sich trägt, „as the nature of things will be“,[3]) oder wie Tarring es ausdrückt, „als auf

---

[1]) Brode, S. 72.

[2]) Sch.G.G. § 3; K.G.G. § 20, 1. Hiermit erledigt sich für unsere Materie der Streit über die event. Geltung der bürgerlich-rechtlichen Vorschriften der Gewerbeordnung, die durch von Hoffmann (Einführung, Seite 119 und Kolonialgewerberecht, Seite 61) vertreten wird. An beiden Stellen gibt auch von Hoffmann zu, daß die betreffenden Vorschriften für die Eingeborenen nicht gelten. Gerstmeyer, Seite 76 nimmt mit Recht deren Ungültigkeit nicht nur für diesen Spezialfall der „besonderen Verhältnisse“ — das Eingeborenenrecht — sondern für das gesamte Kolonialrecht an. Vgl. auch Claß, S. 5.

[3]) Hatschek, S. 212.

seine eigene Lage und den Zustand einer jungen Kolonie anwendbar ist".[1])

Es ist hier also eine Lücke der Rechtsetzung auszufüllen. Wie ist das geschehen?

Wenn man mit von Hoffmann[2]) die deutschen und englischen Protektorate als Gebiete auffaßt, in denen, je nach der politischen Entwicklung der Dinge die Schutzgewalt teils als Protektoratsgewalt auftritt, d. h. nur die äußeren Beziehungen des beschützten Gebietes betrifft, teils als Staatsgewalt, die auch die inneren Angelegenheiten, z. B. auch das Arbeiterrecht, regelt, und man nach der gesetzlichen Grundlage dieser Gewalt forscht, so findet man sie für Deutsch-Ostafrika in dem Schutzgebietsgesetz.

Wie oben erwähnt, handelt es sich um ein Problem, das aus dem Zusammentreffen der weißen und farbigen Rasse entstanden ist, und zwar unmittelbar: Glieder der beiden Rassen treten durch den Arbeitsvertrag in ein direktes Verhältnis zu einander. Für solche sogenannten gemischten Rechtsverhältnisse ist in den deutschen Schutzgebieten für die Eingeborenen die Geltung des deutschen Rechts, vorbehaltlich der besonderen Einführung durch kaiserliche Verordnung, laut § 4 des Schutzgebietsgesetzes ausdrücklich ausgeschlossen. Die Bahn ist frei für die Betätigung des kaiserlichen Verordnungsrechts nach § 1 Sch.G.G. zur Regelung der Materie; durch kaiserliche V. vom 3. 6. 08 ist diese Befugnis dem Reichskanzler mit Berechtigung zur Subdelegation an die Gouverneure übertragen. Da es sich aber bei diesen gemischten Rechtsverhältnissen auch um die Regelung der für Weiße geltenden Normen handelt, so fragt es sich, ob auch das für Weiße geltende Recht durch Verordnung gesetzt werden kann. Das Sch.G.G. gibt in seinem § 15[3]) dem Reichskanzler nur Ermächtigung zum Erlaß von „polizeilichen und sonstigen die Verwaltung betreffenden Verordnungen", die er durch § 5 der Verfügung vom 27. 9. 03[4]) den Beamten der Schutzgebiete übertragen hat. Durch die erwähnte kaiserliche Verordnung vom 3. 6. 08[5]) wird der Reichskanzler bezw. die Gouverneure, ermächtigt, „Vorschriften und Anordnungen zu erlassen, welche das Eingeborenenrecht, auch soweit Nicht-Eingeborene beteiligt sind, regeln."

Es sollen also zivilrechtliche Verhältnisse, auch so weit sie Weiße betreffen, durch Verordnung geregelt werden. Von Hoffmann[6]) bestreitet die Möglichkeit einer Änderung des für Weiße geltenden Rechtes auf diese Art und behauptet, es müsse hierfür der Weg der förmlichen Gesetzgebung beschritten werden. Nun hat aber in diesem

[1]) Tarring, S. 6.
[2]) Von Hoffmann Einführung, S. 20.
[3]) Gerstmeyer, S. 47.
[4]) „ „ 205.
[5]) „ „ 164.
[6]) Von Hoffmann Einführung, S. 174.

Falle, wie wir oben gesehen haben, gar keine gesetzliche Regelung bestanden, sondern es handelt sich um neue Normen, die ein bis dahin zur Hauptsache dem freien Ermessen der Parteien überlassenes Verhältnis regeln sollen. Da im Sch.G.G. keine — den Vorschriften des § 3 für die Weißen und des § 4 für die Eingeborenen entsprechenden — Normen über die Gültigkeit von Reichs- und preußischen Gesetzen für Rechtsverhältnisse zwischen Weißen und Farbigen enthalten sind, so ist nach der Entstehungsgeschichte des Gesetzes anzunehmen, daß die deutschen Gesetze ebenfalls für solche gemischte Rechtsverhältnisse, auch soweit Weiße betroffen werden, nicht gelten sollen.[1]) Da nach § 1 Sch.G.G. die Schutzgewalt dem Kaiser zusteht, so hat er auch das in ihr ruhende Hoheitsrecht der Gesetzgebung,[2]) das er auf dem Verordnungswege ausüben muß, da Artikel 5 der Reichsverfassung die förmliche Gesetzgebung den verfassungsmäßigen Faktoren Reichstag und Bundesrat vorbehält.[3]) Für das deutsche Schutzgebiet ist demnach die kais. V. vom 3. 6. 08 als Ausfluß der Schutzgewalt die rechtmäßige gesetzliche Grundlage für die Verordnungen des Gouverneurs über das Arbeiterrecht.

Suchen wir nun nach der entsprechenden Quelle des Stromes von Verordnungen, der sich infolge der wirtschaftlichen Entwicklung auch in dem britischen „Protektorat" über alle völkerrechtlichen Schranken dieses Begriffes hinweg über das Gebiet auch der inneren Angelegenheiten verbreitete, so finden wir sie nicht in einem geschriebenen Gesetz. Ein solches, das Eingriffe in die inneren Angelegenheiten des Protektorats sanktionierte, würde der formell immer noch aufrechterhaltenen Fiktion widersprechen, nach der ein solches Kolonial-Protektorat als Ausland zu betrachten ist: Es gehört nicht zu dem britischen Reich, sondern ist nur völkerrechtlich dadurch mit ihm verbunden, daß es seine Handlungsfreiheit in auswärtigen Angelegenheiten zugunsten des britischen Imperiums aufgegeben hat.[4]) Nun aber wird durch die verschiedenen „Orders in Council", zuletzt durch Artikel 8 des O.i.C. vom 27. 10. 06,[5]) dem Legislative Council für Br. O. A. das Recht gegeben, Verordnungen zu erlassen, „die zur Bewahrung von Frieden, Ordnung und guter Verwaltung im Protektorat nötig sind".

Um nun für solche Einmischung des beschützenden Staates in die inneren Angelegenheiten eine rechtliche Grundlage nachzuweisen, wird von einigen Schriftstellern die Foreign Jurisdiction Act von 1890[6]) herangezogen. So gibt z. B. Rolin[7]) folgende Erklärung für die

[1]) Gerstmeyer, S. 26; Vgl. auch: R.Tg.-Drucks. Bd. 171, S. 6006 und 6007.
[2]) Von Hoffmann Einführung, S. 34.
[3]) Gerstmeyer, S. 17.
[4]) Hall, S. 204; Jenkyns, S. 165/66; Anson, S. 59.
[5]) O.G. 15. 5. 1907, S. 102 ff.
[6]) 53 and 54 Vict. c. 37; abgedr. bei Jenkyns, S. 267.
[7]) Rolin, S. 101, Anmerk. 1.

Fassung des britischen Kolonialverwaltungsrechts, soweit die Protektorate betroffen werden: „Die Krone erlangt durch ihren Träger direkt ein mehr oder minder ausgedehntes Herrschaftsrecht über fremde Länder; darauf stellt die F.J.A. von 1890 diese Tatsache im allgemeinen fest und erklärt die Ausübung dieses Rechtes durch die Krone für gesetzmäßig."

Er stützt sich dabei vor allem auf den § 16 Satz 3 der F.J.A., wo bestimmt wird, der Ausdruck „Gerichtsbarkeit" schließe die „Gewalt" (power) mit ein, und zwar nicht nur richterliche Gewalt, sondern auch Herrschaftsrechte außer der Gerichtsbarkeit.

Ebenso erblickt Hatschek[1]) in der Erweiterung der königlichen Prärogative für Rechtsprechung in den Konsularbezirken, die ursprünglich nur für diese gemeint war, und in ihrer Anwendung auf die Protektorate die verfassungsmäßige Grundlage der Verordnungen in diesen Gebieten. Er sieht darin ein Werk der „stillschweigenden Praxis", ebenso wie dadurch die Geltung der Rechtsnormen für Eingeborene und staatsfremde Europäer endlich anerkannt und durchgesetzt sei.

Demgegenüber ist darauf hinzuweisen, daß die F.J.A. dem König nur das Recht gibt, einige besonders aufgezählte Gesetze in den Protektoraten durch O. i. C. einzuführen.[2]) Die Befugnis, Recht für diese Gebiete zu schaffen, ist also ausdrücklich genau umgrenzt; diese Grenze kann u. E. nicht durch die Auslegungsvorschrift des Artikels 16 dahin „interpretiert" werden, daß sie ganz verschwindet, wie das geschehen würde, wenn man in den für die Kolonialprotektorate in Afrika in Betracht kommenden Artikel 2 der F. J. A. einsetzen würde: „S. M. hat kraft dieses Gesetzes die sämtlichen Hoheitsrechte (— Statt: „die Gerichtsbarkeit" —) über S. M. Untertanen in diesen Gebieten". Die Auslegung „jurisdiction includes power" bezieht sich u. E. auf die in dem Gesetz bezeichneten verschiedenen Vollmachten (powers) — z. B. Artikel 5, 6, 9, 10 — und will besagen, daß diese Vollmachten ebenso wie die Gerichtsbarkeit in den Protektoraten ausgeübt werden können, in gleicher Weise, wie in eroberten oder abgetretenen Ländern.

Ein zweiter Einwand gegen die Annahme der F. J. A. als einziger Basis der Verordnungen über die innere Verwaltung der Protektorate ist der, daß Artikel 2, der sich auf Protektorate ohne regelrechte Regierung, wie sie in Afrika vorliegen, bezieht, dem König die Gerichtsbarkeit (bezw. die Gesetzgebungshoheit, wenn man Kolins Auslegung gelten lassen will), nur über britische Untertanen gibt, also nicht über Ausländer und Eingeborene. Mit einer solchen „Hoheit" läßt sich aber keine innere Verwaltung aufbauen. Regelungen einer

[1]) Hatschek, S. 210.
[2]) F. J. A. Artikel 5.

Materie wie der, die uns hier beschäftigen soll, richten sich naturnotwendig an alle Einwohner eines Gebietes.

Die britische Rechtswissenschaft hat nun unter ständigem Hinweis auf die deutsche Auffassung des territorialen Charakters der Kolonialgerichtsbarkeit, der sich schon in dem Schutzbrief der „Gesellschaft für Kolonisation“ zeige, folgende Gedankengänge entwickelt, um eine Ausdehnung der „foreign jurisdiction“ auf Ausländer zu rechtfertigen: Der schützende Staat steht als Vermittler zwischen dem Protektorat und fremden Mächten; als solcher, muß er diesen rechtlichen Schutz gewähren gegen Angriffe, die fremde Staaten unmittelbar oder ihre Angehörigen erleiden. Wenn nun aber der fremde Staat gegen den schützenden Staat einen Anspruch auf Rechtsschutz für seine (die fremden) Untertanen hat, so muß er nach dem Grundsatz der Gegenseitigkeit die Gerichtshoheit des schützenden Staates auch anerkennen, wenn sie sich gegen die fremden Untertanen wendet, die ein Rechtsgut des beschützten Staates oder dessen Untertanen verletzen.[1]) Zur Unterstützung dieser Ausführungen wird auch der Artikel 34 der Kongoakte[2]) angeführt. Die Anzeige der Protektoratserrichtung an die Signatarmächte solle diesen Gelegenheit geben, gegebenenfalls gegen die Einschränkung ihrer Rechte, die ihnen durch die Protektoratserklärung drohe, Einspruch zu erheben. Erfolge ein solcher Einspruch nicht, so sei die Zustimmung zu einer solchen Beschränkung, nämlich der Verzicht auf eigene Gerichtshoheit in dem fraglichen Gebiet, anzunehmen. Ferner sei die Erfüllung der Verpflichtung aus Artikel 35 der Kongoakte und des Artikels 1 der Brüsseler Generalakte von 1890[3]) zur Errichtung einer rechtsschutzgewährenden Obrigkeit nur möglich, wenn die Untertanen der Signatarmächte der Gerichtshoheit des schützenden Staates unterworfen würden.[4]) Dementsprechend erfolgte in dem Africa Order in Council 1892 die Ausdehnung der „foreign jurisdiction“ auf die Untertanen der Mächte, die die Brüsseler Generalakte unterzeichnet oder ausdrücklich bezw. stillschweigend die Ausübung der Gerichtsbarkeit durch England anerkannt hatten; d. h. praktisch auf alle Ausländer in den Kolonialprotektoraten.[5])

„Die Kontrolle über die auswärtigen Angelegenheiten bringt gewisse Rechte und Pflichten betreffend die inneren Verhältnisse mit sich. Es entstehen daraus schwierige Fragen für das Landesrecht und das Völkerrecht“. Mit diesen Worten sucht Anson[6]) die Sachlage darzulegen, um die Ausübung der Souveränitätsrechte über alle

---

[1]) Jenkyns, S. 175 u. 176; Hall, S. 219.
[2]) Zorn-Sassen, S. 45.
[3]) Zorn-Sassen, S. 47.
[4]) Jenkyns, S. 187; Hall, S. 214.
[5]) „ „ 193.
[6]) Anson, S. 91.

Einwohner des Protektorats zu erklären. Die „schwierigen Fragen“ werden aber durch alle diese völkerrechtlichen Rechtfertigungen der Ausdehnung der F. J. A. auf Ausländer nicht gelöst: eine innerstaatliche, verfassungsmäßige Grundlage geben sie nicht.

Hall[1]) drückt dies so aus, daß die fremden Regierungen die Berechtigung des britischen Vorgehens zugeben müßten, daß aber auch der einzelne Ausländer das Recht habe, die landesgesetzliche Rechtmäßigkeit der gegen ihn getroffenen Maßnahmen zu prüfen. Für diesen Nachweis kann nach seiner Ansicht die F. J. A. nicht herangezogen werden, da sie ausdrücklich das Gegenteil bestimmt.

Also auch wenn wir mit Rolin die Begriffe „Gerichtshoheit“ und „Hoheitsrechte“ gleichsetzen, finden wir in der F. J. A. keine genügende Grundlage für Verordnungen, die die innere Verwaltung der Protektorate betreffen.

Eine solche läßt sich auch nicht durch Berufung auf ein Gesetz, sondern nur durch die Anwendung des ungeschriebenen britischen Verfassungsrechts auf die tatsächlichen Verhältnisse, wie sie sich historisch entwickelt haben, gewinnen. In den britischen Gebieten Ostafrikas wurden durch Verträge mit dem Sultan von Zanzibar oder nach gewaltsamer Niederwerfung von Widerständen der Eingeborenen oder auf Grund stillschweigender Duldung tatsächlich auch innere Hoheitsrechte erworben, deren Ausübung den Umfang der eigentlichen Protektoratsgewalt überschreitet. Der Unterschied ist nur ein quantitativer. In den Kolonien, die Bestandteile des Britischen Reiches sind, wird sofort bei der Besitzergreifung die volle Souveränität erworben — in den Protektoraten Teile davon, nämlich „die äußere und soviel von inneren, als zu ihrer Ergänzung nötig erscheint“.[2]) Wie weit diese Notwendigkeit geht, bestimmt sich im einzelnen Fall nach der politischen Entwicklung, durch die der völkerrechtliche Zug im Verfassungsgebilde der afrikanischen Kolonialprotektorate immer mehr verwischt wird.[3])

Der tatsächlichen Ähnlichkeit mit der Souveränität in eroberten oder abgetretenen Kolonien ist in der Gestaltung des verfassungsrechtlichen Status der Protektorate denn auch Rechnung getragen. Die F. J. A. tut dies in ihren ersten beiden Artikeln für das Souveränitätsrecht der Gerichtshoheit. Und in diesem Hinweis auf die gegebene Analogie auch für die anderen Hoheitsrechte, nicht in ihren tatsächlichen Bestimmungen liegt die Bedeutung der F. J. A. für das Verfassungsrecht der britischen Kolonialprotektorate. Auch mit Bezug auf das Hoheitsrecht der Rechtsetzung sind die Protektorate, in denen die

---

1) Hall, S. 220/21.

2) Hall, S. 224.

3) Ein äußeres Zeichen hierfür ist die 1905 erfolgte Übernahme der Protektorate vom Foreign Office ins Colonial-Office. Vgl. Colonial Off. List 1917, S. 172.

Krone die Souveränität zum — vielleicht sehr erheblichen — Teil erworben hat, den Kolonien, in denen ihr die volle Souveränität zusteht, gleichzustellen; wie die Krone hier aus common law[1]) das Recht hat, durch Verordnung festzusetzen, was Rechtens sein soll, so ist ihr diese Befugnis auch in jenem Fall einzuräumen.[2]) Von neueren Schriftstellern will Anson allerdings noch mehrfach[3]) eine „breite Konstruktion" oder sehr „liberale Auslegung" der F. J. A. als Hauptgrundlage für die Protektoratsverfassungen gelten lassen, stellt aber fest, daß sie nicht die einzige Basis ist.[4]) Das Africa Order in Council vom 27. 10. 1906,[5]) das für uns in Betracht kommt, unterscheidet in der Einleitungsformel zwischen „power" und „jurisdiction" und bezieht sich dementsprechend auf Ermächtigungen durch die F. J. A. „or otherwise". Daß diese „anderweitigen Ermächtigungen" nicht auf Auslegung der F. J. A. beruhen, muß auch Anson zugeben. Er führt sie ebenfalls auf die „common law prerogative" der Krone zurück, die auf Protektorate angewendet wird, wie wenn sie abgetretene Gebiete seien.[6]) Die Ansicht, daß es sich um eine Erweiterung der königlichen Prärogative über den Rahmen der F. J. A. handelt, wird auch durch die Fassung, die Halsbury seiner Erklärung der Protektoratsverfassung gibt, unterstützt. Er zeigt, daß die anderweitigen Ermächtigungen dazu dienen sollen, „irgendwelche Auswirkungen der königlichen Prärogative, die zur Ergänzung der gesetzlichen Verordnungsmacht des Königs nötig seien, zu rechtfertigen".[7])

Aus solchen der historischen Entwicklung folgenden Analogien ergibt sich die rechtliche Grundlage der Orders in Council, auf denen die Verordnungen über innere Angelegenheiten, so auch über das Arbeiterrecht für Eingeborene Britisch-Ostafrikas beruhen.

III. Zusammenstellung der für das geltende Recht in Betracht kommenden gesetzlichen Vorschriften.

(Die Buchstaben bedeuten die im Text gebrauchten Abkürzungen.[8])

1. für Deutsch-Ostafrika.

A. V. = Verordnung des Gouverneurs betreffend die Rechtsverhältnisse der eingeborenen Arbeiter vom 5. 2. 1913 (A. A. 1913, S. 32).

Aw. V. = Verordnung des Gouverneurs betreffend die Anwerbung von eingeborenen Arbeitern vom 5. 2. 1913. (A. A. 1913, S. 29).

---

1) Vgl. v. Hoffmann, K.K. u. K. 1909, S. 916/17 u. Hatschek, S. 168.
2) Vgl. Jenkyns, S. 195.
3) Anson, S. 62 u. 63.
4) " " 59.
5) O.G. 1907, S. 162.
6) Anson, S. 93.
7) Halsbury X, s. 885.
8) vgl. S. 91.

und mehrere Ausführungsbestimmungen zu diesen Verordnungen.

Bf. V. = V. des Gouverneurs betreffend die Beförderung angeworbener Arbeiter vom 14. 10. 1911 (A. A. 1911, Nr. 44). und Bekanntmachung dazu vom 3. 6. 1912 (A. A. 1912, S. 63).

Db. V. = V. des Gouverneurs betreffend die Führung von Dienstbüchern und Runderlaß dazu vom 23. 6. 1894 (L. G. G. I, S. 309).

H. K. St. V. = Verordnung betreffend die Erhebung einer Haus- und Kopfsteuer vom 23. 8. 1912 (A. A. 1912, S. 153).

H. K. St. V. Ausf. V. = Ausführungsverordnung zu dieser Verordnung (A. A. 1912, S. 155).

Ktrbr. V. = Verordnung des Gouverneurs betreffend die Bestrafung von Eingeborenen wegen Kontraktbruchs vom 7. 12. 1909 (L. G. G. I, S. 327).

Ktrbr. Rderl. = Runderlaß betreffend die Bestrafung von Eingeborenen wegen Kontraktbruchs vom 7. 12. 1909 (L. G. G. II, S. 182).

Ostas. V. = Bestimmung des Gouvernements über die Behandlung ostasiatischer Arbeiter vom 30. 7. 1895. (Zorn-Sassen, S. 509).

ö. A. V. = Verordnung des Gouverneurs betreffend die Heranziehung der Eingeborenen zu öffentlichen Arbeiten vom 22. 3. 1905 (L. G. G. I, S. 308).

ö. A. V. Instr. = Instruktion zur Ausführung dieser Verordnungen. L. G. G. II, S. 290).

ö. A. Rderl. = Runderlaß betreffend die Heranziehung der Eingeborenen zu öffentlichen Arbeiten vom 12. 10. 1910 (L. G. G. II, S. 292).

Str. V. = Verfügung des Reichskanzlers betreffend die Ausübung der Strafgerichtsbarkeit und Disziplinargewalt gegenüber Eingeborenen in den deutschen Schutzgebieten vom 22. 4. 1896 (L. G. G. I, S. 199).

Uf. V. = Unfallschutz-Verordnung vom 6. 7. 1912 (A. A. 1912, S. 113).

2. für Britisch-Ostafrika.

C. O. = Courts Ordinance vom 12. 12. 1907 (O. G. 1907, S. 501).

C. P. O. = Collective Punishment O. vom 24. 9. 1909 (O. G. 1909, S. 202).

C. P. A. O. = Collective Punishment Amendment O. v. 5. 8. 1910 (O. G. 1910, S. 503).

C. M. = Circular to Magistrates Nr. 1 vom 16. 2. 1907 (E. A. L. R. II, S. 150).

C. S. O. = Compulsory Service O. vom 7. 12. 1915 (O. G. 1915 S. 1005).

D. S. O. = Registration of Domestic Servants O. v. 1. 10. 1910 (O. G. 1910, S. 571).

Gv. R. = Goverment Rules vom 1. 5. 1910 under power of s. 38 of the M. S. O. 1910 (O. G. 1910, S. 227).

Nat. Auth. O. = Native Authority O. vom 16. 10. 1912 (O. G. 1912, S. 742).

Nat. F. R. O. = Native Followers Recruitment O. vom 4. 9. 1915 (O. G. 1915, S. 737).

Nat. H. P. O. = Native Hut and Poll Tax O. vom 11. 3. 1910 (O. G. 1910, S. 96).

Nat. R. O. = Natives Registration O. vom 18. 5. 1915 (O. G. 1915 S. 423).

Nat. Res. O. = Roads in the Native Reserves O. vom 30. 4. 1910 (O. G. 1910, S. 225a).

M. S. O. = Master and Servants O. vom 21. 3. 1910 (O. G. 1910, S. 128).

M. S. A. O. = Master and Servants Amendment O.
vom 19. 2. 1912 (O. G. 1912, S. 113)
„ 6. 2. 1915 (O. G. 1915, S. 87)
„ 25. 1. 1916 (O. G. 1916, S. 41)
ferner Rules vom 9. 5. 1912 under s. 30 der M. S. O. (O. G. 1912, S. 311).

B. I. Pflichtarbeit.

Die Aufgabe, die hier zu betrachtenden Gebiete intensiver zu entwickeln, als es durch die Eingeborenen allein geschehen kann, stellt die beiden Kolonialmächte vor die Notwendigkeit, die Ureinwohner des Landes zu veranlassen, mehr Arbeit zu leisten, als zum Unterhalt ihres bedürfnisarmen Daseins unmittelbar notwendig ist. Denn für den Bedarf des Mutterlandes und des Weltmarktes können diese Neuländer nur produzieren, wenn neben Unternehmungssinn und Kapital ein Mehr an körperlicher Arbeit geleistet wird, als die Eigenwirtschaft der Einwohner erfordert. Kapital und Intelligenz kann der Weiße in das Neuland bringen. Dagegen ist es ihm wegen des tropischen Klimas versagt, dort intensivere körperliche Arbeit zu leisten. Das erforderliche Mehr an Arbeit muß also von den Kräften der Eingeborenen geliefert werden. Um diese hierzu zu veranlassen, wendet die britische wie die deutsche Kolonialverwaltung in gewissen Fällen äußere Zwangsmittel an, entweder direkt oder indirekt durch Auferlegung von Steuern.

Kap. 1. **Bedingter Arbeitszwang.**

Der „Arbeits"zwang, den Claß[1]) als „gesetzliche Pflicht eines arbeitsfähigen Eingeborenen zur Eingehung eines Arbeitsvertrages" definiert, ist in Deutsch-Ostafrika in West-Usambara durch das Wilhelmstaler Kartensystem rechtlich geregelt. In diesem Gebiet mit seiner sehr entwickelten Plantagenwirtschaft machte sich Arbeiterknappheit besonders bemerkbar. Um den dortigen Pflanzern den weiteren Betrieb ihrer Plantagen zu ermöglichen, wurden sogenannte Arbeiterkarten eingeführt. Auf dieser Karte ist die Anzahl der Tage, an denen der Inhaber bei einem Europäer gearbeitet hat, zu vermerken. Wenn er innerhalb von vier Monaten weniger als dreißig Tage solche Arbeit geleistet hat, wird er zwangsweise zur öffentlichen
Tage solche Arbeit geleistet hat, wird er zwangsweise zur öffentlichen
Arbeit herangezogen. Unterworfen sind diesem Zwange nur erwachsene männliche Eingeborene.[2]) Für den so in Erfüllung einer gesetzlichen Pflicht eingegangenen Arbeitsvertrag finden die Bestimmungen der Arbeiterverordnung ebenso Anwendung, wie für freiwillig eingegangene Verträge. Der § 1 der A. V. bestimmt ihren Geltungsbereich durch den Ausdruck „Arbeitsverträge zwischen nicht

---

1) Claß, S. 73.
2) Denkschrift D.O.A. 1907/08 B. S. 25.

eingeborenen Arbeitgebern und eingeborenen Arbeitern", also ohne Rücksicht darauf, ob der Arbeitnehmer freiwillig oder in Erfüllung einer gesetzlichen Verpflichtung das Verhältnis eingegangen ist.[1])

Der Eingeborene soll durch gesetzlichen Zwang zum Abschluß eines Arbeitsvertrages veranlaßt werden; seine Arbeitsverpflichtung ergibt sich dann erst aus diesem Vertrage. Der Arbeitszwang im eigentlichen Sinne des Wortes tritt erst ein, wenn der Eingeborene zu öffentlichen Arbeiten zwangsweise herangezogen wird. Diese Heranziehung ist bedingt durch die Nichterfüllung der Verpflichtung, einen Arbeitsvertrag abzuschließen.

Einen Zwang zum Abschluß von Verträgen durch die Rechtssatzung gibt es auch nach deutschem Reichsrecht in vielen Fällen.[2]) Die rechtliche Lage ist dort so, daß der zum Vertragsschluß Gezwungene angehalten wird, eine auf Abschluß eines Vertrages gerichtete Willenserklärung anzunehmen, die eine zur bestimmten Gegenleistung bereite Partei abgibt, sei es nun, daß in dieser Erklärung die Annahme einer Offerte an das Publikum zu erblicken ist, (z. B. bei Personenbeförderung auf der Eisenbahn), sei es, daß sie selbst Vertragsantrag ist (z. B. der Eisenbahnfrachtvertrag).[3]) Die Wirkung des Zwanges besteht immer darin, daß „jeder, der sich meldet, einen privatrechtlichen, klagbaren Anspruch auf Vertragsschluß oder Schadenersatz hat.[4]) Ein solcher allgemeiner Anspruch gründet sich darauf, daß die zum Vertragsschluß verpflichtete Partei ein vom Gesetz geschaffenes oder bestätigtes Vorrecht auf die Ausübung der Tätigkeit hat, die ihre Verpflichtung aus dem zu schließenden Vertrage darstellt. Dieses Vorrecht kann sich gegebenenfalls zum staatlich garantierten Monopol (Post, Telegraph) steigern, und der Zwang, es zu Gunsten eines Jeden, zur bestimmten Gegenleistung Bereiten, auszuüben, ist nur ein gerechter Ausgleich für die bevorzugte rechtliche Stellung der einen Partei.

Bei dem „bedingten Arbeitszwang" in Deutsch-Ostafrika handelt es sich aber darum, daß der Eingeborene gezwungen wird, selbst Anträge auf Abschluß eines Vertrages zu stellen, und zwar nicht an das „Publikum", sondern an Privatpersonen, die er sich nach Belieben aussuchen kann. Erzwungen wird die Abgabe einer Erklärung an beliebige Personen, nicht wie nach Reichsrecht die Annahme der Erklärung jeder Person. Da es sich bei der Tätigkeit, zu deren Ausübung der Arbeitsvertrag den Eingeborenen verpflichtet, nicht um ein solches Vorrecht oder Monopol handelt, ließe sich die Unfreiheit in der Wahl des Gegenkontrahenten auch nicht recht-

[1]) vgl. Claß, S. 74.
[2]) vgl. Dernburg, S. 217.
[3]) „ Biermann, S. 292 ff.
[4]) Dernburg, S. 218.

fertigen. Es ist auch nicht gesetzlich vorgeschrieben, daß der Eingeborene das Recht, sich eine beliebige Gegenpartei zu wählen, verwirkt, wenn er der Verpflichtung zum Vertrags-Antrag nicht binnen gewisser Fristen nachkommt, es kann ihm auch nach Ablauf dieser Frist keine Privatperson als Gegenkontrahentin aufgezwungen werden. Es gibt demnach keine Partei, die berechtigt wäre, auf Vertragsabschluß zu klagen.

Die Wirkung der Umgebung des Kontrahierungszwanges erscheint in unserem Falle in rein öffentlich-rechtlicher Form. Sie ergibt sich aus der, von den reichsrechtlichen Fällen grundverschiedenen, ratio legis, die zur Einführung dieses Zwanges in einem Teile Deutsch-Ostafrikas geführt hat. Der Grundgedanke ist nicht der Ausgleich rechtlicher Machtsphären von Privatpersonen, sondern die Bewirkung von Leistungen Einzelner für die Allgemeinheit zu dem Zwecke, um diese Einzelnen an Arbeit und europäische Wirtschaftsmethoden zu gewöhnen; also ein erzieherisches, sozialpolitisches Motiv. Bezüglich der Art, wie der Eingeborene die Verwertung seiner Arbeitskraft vornehmen will, ist ihm möglichste Freiheit gelassen. Entsprechend den Formen der Privatwirtschaft ist der Abschluß eines Arbeitsvertrages das geeignete Mittel. Trifft nun der Eingeborene keine Anstalten, von diesem Mittel Gebrauch zu machen, so wird das öffentlich-rechtliche Mittel der „Heranziehung" angewendet. Die Form des unmittelbaren Zwanges muß hier zur Anwendung kommen, weil die gewöhnlichen Vollstreckungsformen (Ersatzvornahme usw.) bei den wirtschaftlichen Verhältnissen der Betroffenen wirkungslos sein, vor allem aber den der genannten ratio legis entsprechenden Zweck nicht erfüllen würden. Die Zwangsheranziehung ist keine Strafe. Daher kann man auch keine Schadensersatzpflicht des säumigen Eingeborenen aus 823, II, B. G. B.[1]) ableiten. Auch für einen solchen Ersatzanspruch ist kein Gläubiger vorhanden, dessen Interessen durch die Strafdrohung geschützt werden sollen.

Kap. 2. **Fronarbeit.**

§ 1. Gegenstand der Verpflichtung.

Zu unterscheiden von der auf Grund eines unfreiwillig eingegangenen Vertrages im Sinne der oben genannten A. V. geleisteten Arbeit ist die in beiden Kolonien für bestimmte Fälle bestehende öffentlich-rechtliche Verpflichtung der Eingeborenen, gewisse Arbeiten zu leisten. Um das für die kulturelle, wirtschaftliche und militärische Erschließung so wichtige Wegenetz in den Neuländern möglichst rasch zu schaffen bezw. in Stand zu halten, wird die dafür benötigte Arbeitskraft durch zwangsweise Heranziehung der Eingeborenen beschafft.

[1]) vgl. **Biermann**, S. 275.

In Deutsch-Ostafrika bedründet die Verordnung vom 22. 3. 1905 eine allgemeine Verpflichtung der Eingeborenen zur Verrichtung derartiger Arbeiten im öffentlichen Interesse.[1]) Inwieweit die Eingeborenen zur Erfüllung dieser Verpflichtung herangezogen werden sollen, steht im Ermessen der örtlichen Verwaltungsbehörde.[2]) Zwingende Vorschrift ist dabei, daß nur, soweit der friedliche Machtbereich der Behörde reicht, eine Heranziehung erfolgen soll.[3])

In der britischen Kolonie besteht grundsätzlich auch eine allgemeine Pflicht der Eingeborenen auf Befehl der Dorfhäuptlinge bezw. der Provinzial- und Distriktskommissare, gewisse im Interesse der Gemeinschaft liegende Arbeiten zu verrichten.[4]) In den Reservaten kann der Gouverneur die Vornahme von solchen Arbeiten veranlassen.[5])

In Deutsch-Ostafrika liegt den Eingeborenen die Reinigung und Unterhaltung der nicht befestigten öffentlichen Straßen und Wege ob[6]) und zwar nur in der Weise, wie es die „gewöhnliche Unterhaltung der bestehenden Wege erfordert". Nur in äußersten Notfällen, z. B. bei Befestigungsarbeiten bei Aufständen, bei Schutzarbeiten gegen Bergstürze und Überschwemmungen, wenn „das allgemeine Interesse bedroht und Gefahr im Verzuge" ist, können die Eingeborenen auch im weitergehenden Maße zu öffentlichen Arbeiten herangezogen werden. Für gewöhnlich soll § 1 Abs. 2 bezw. § 5 der ö. A. V. nur angewandt werden nach Maßgabe der Rückständigkeit der Erfüllung der Pflichten der Eingeborenen gegen den Fiskus.[7])

Für die Eingeborenen in Britisch-Ostafrika ist keine so genaue Umgrenzung ihrer Fronarbeitsverpflichtung durch das Gesetz gegeben. Dieses nennt ausdrücklich nur die „Anlage und Unterhaltung von Regulierungen an Wasserläufen" als Beispiel für im Interesse der Gemeinschaft liegende Arbeiten.[8]) Jedenfalls hat als solche auch zu gelten: Bau und Instandhaltung von öffentlichen Wegen. Eine Wegeunterhaltungspflicht bestand schon seit 1902[9]), und der neuen Verordnung ist in dieser Beziehung nach der ausgesprochenen[10]) Absicht des Gesetzgebers jedenfalls nicht eine einschränkende Tendenz zuzuschieben. Beschränkt ist die Verpflichtung zur Fronarbeit für die Eingeborenen in den Reservaten; die für sie in Betracht kommenden Fronarbeiten werden genau aufgezählt. Grundsätzlich gehört dazu

---

1) ö.A.V. § 1, 1.
2) „ „ „ Instr. § 1.
3) ö.A.V. § 2.
4) Nat. Auth. O. s. 7, h 8.
5) „ Res. O. s. 3 u. 5.
6) ö.A.V. § 1, 1.
7) „ „ Rd. Erl. (vgl. hierzu S. 32).
8) Nat. Auth. O. s. 7, h.
9) Vill. H. O. s. 3 u. 4.
10) vgl. Anhang zur O. G. v. 1. 10. 1912 S. 7.

die Errichtung von Grenzzeichen für ihre Reservate.[1]) Zum Straßenbau und Instandhaltung sind die Einwohner der Reservate nur verpflichtet, wenn der Gouverneur mit dem betreffenden Häuptling dahin übereingekommen ist.[2]) In der Vorlage zu der Nat. Res. O. war vorgesehen, daß dem Gouverneur auch für Straßenbau und -instandhaltung in den Reservaten ein einseitiges Anordnungsrecht zustehen sollte, das dann durch die Provinzialkommissare ausgeübt würde.[3]) Die endgültige Fassung der Verordnung milderte dies jedoch dahin ab, daß der Gouverneur mit dem Häuptling usw. sich über einen Straßen- oder Brückenbau in dem betreffenden Gebiete erst einigen müsse. Eine solche Übereinkunft kann aber auch die Errichtung und Instandhaltung von Brücken zum Gegenstand haben.[4]) Die Regulierung von Wasserläufen ist hier nicht mit vorgesehen. Im ganzen ergibt sich aber, daß im britischen Gebiet der Kreis der Arbeiten, zu deren Verrichtung Eingeborene gezwungen werden können, an sich weiter gezogen ist, als in der deutschen Kolonie; dagegen besteht dort auch in Notfällen keine den einmal bestimmten Kreis von Pflichtarbeiten überschreitende Fronpflicht. Daher ergab sich bei Ausbruch des Weltkrieges die Notwendigkeit, die allgemeine Arbeitspflicht der Eingeborenen durch besondere Verordnung festzusetzen, während sie in der deutschen Kolonie auf Grund des „Notrechtes" ohne weiteres bestand. Auf Grund der Nat. F. R. O. 1915 besteht nunmehr auch für alle körperlich tauglichen, erwachsenen, männlichen Eingeborenen der britischen Kolonie bis zur Vollendung des 35. Lebensjahres die öffentlich-rechtliche Verpflichtung, auf Befehl des zuständigen Häuptlings zur Dienstleistung im East African Transport Corps, d. h. als Träger für die britischen Streitkräfte.[5]) (Obwohl nicht zum Thema gehörig, sei hier als Beitrag zu der Frage „Militarisierung Afrikas" darauf hingewiesen, daß die Arbeitspflicht der Eingeborenen in Britisch-Ostafrika durch Verfügung des Gouverneurs auch in unmittelbare militärische Dienstpflicht umgewandelt werden kann).[6]) Bei der Aushebung tritt die Autorität der eingeborenen Verwaltungsorgane zwischen die Verpflichteten und den eigentlichen Erlasser der Anordnung, die britische Behörde; diese nimmt die Aushebung nur da selbst vor, wo keine eingeborenen Organe vorhanden sind.[7]) Die Bedingungen des Fronverhältnisses sind der Regelung durch den Gouverneur vorbehalten.[8]) Diese Fronpflicht soll nur für die Dauer des Krieges gelten, doch machen sich schon Stimmen bemerkbar, die auch für die Zukunft eine Regelung der Arbeiterversorgung auf der Grundlage der als so erfolgreich erwiesenen militärischen Arbeiterbüros fordern.[9])

---

[1]) Nat. Res. O. s. 3.
[2]) „ „ „ „ 5.
[3]) s. 4 der Vorlage (Spec. O. G. vom 21. 3. 1910).
[4]) Nat. Res. O. s. 5.
[5]) Nat. F. R. O. s. 4.
[6]) C. S. O. s 7.
[7]) Nat. F. R. O. s 3 u. 6.
[8]) „ „ „ „ 5.
[9]) Afr. W. v. 13. 4. 18.

§ 2. Form der Heranziehung.

Beide Kolonialverwaltungen wenden sich mit der Aufforderung zur Verrichtung solcher Zwangsarbeiten, da wo Stammesorganisationen vorhanden sind, nicht unmittelbar an die einzelnen Eingeborenen, sondern sie bedienen sich in diesem Falle der Autorität der einheimischen Häuptlinge oder anderer obrigkeitlicher Organe in den Stämmen. So wird nach deutscher Verwaltungspraxis die Ausführung der im § 1, 1 der ö. A. V. beschriebenen öffentlichen Arbeiten in den Gebieten, wo es solche Organe gibt, den Sultanen, Jumben usw. aufgetragen. Diese haben für die Beschaffung der benötigten Arbeitskräfte zu sorgen. Ebenso hat in der britischen Kolonie der Dorfhäuptling usw. das Recht und die Pflicht, die Leute seines Bezirks zu den geforderten Arbeiten heranzuziehen, nur wo er versagt, kann der Befehl unmittelbar von den Verwaltungsbeamten an die Eingeborenen erlassen werden.[1])

§ 3. Geschlecht und Alter der Verpflichteten.

Die Vollmacht dieser Organe, ihre Untertanen zu den Arbeiten heranzuziehen, ist nun durch einige sozialpolitische Vorschriften beschränkt. Dem unter den Negern verbreiteten Brauch, den Frauen die Arbeit zu überlassen, wird in beiden Schutzgebieten entgegengewirkt durch die Bestimmung, daß nur arbeitsfähige Männer zur Ableistung der Zwangsarbeit verpflichtet sind.[2]) Die deutsche Verordnung fügt noch die weitere Beschränkung auf Erwachsene hinzu, und in Br.O.A. befreit in den Reservaten der Nachweis, daß ein Eingeborener in einem Arbeitsverhältnis außerhalb des Reservates steht und sich mit Zustimmung seines Arbeitgebers darin aufhält, von der Verpflichtung zur Zwangsarbeit.[3])

§ 4. Arbeitsort.

Die Eingeborenen können zur Verrichtung der ihnen obliegenden Zwangsarbeit nicht beliebig von einem Ort zum andern in den betreffenden Kolonien verschickt werden. In D.O.A. hat die Leistung innerhalb des friedlichen Machtbereichs der örtlichen Verwaltungsbehörde zu erfolgen,[4]) in Br.O.A. kann der Eingeborene zur Fronarbeit für den Bezirk, zu dem er gehört, angehalten werden.[5]) In den Reservaten ist der Bezirk weiter umgrenzt. Er entspricht dem der Gerichtsbarkeit des betreffenden Häuptlings usw. unterstehenden Gebiete.[6])

§ 5. Dauer der Verpflichtung.

Die Dauer der Fronarbeit ist in Br.O.A. auf höchstens 6 Tage im Vierteljahr beschränkt.[7]) Für das deutsche Schutzgebiet erübrigt

---

1) Nat. Auth. O. s. 7, h; 8,1 Abs. 2 u. Nat. Res. O. s. 3. u 5.
2) ö.A.V. § 4. Nat. Auth. O. s. 7, h. Nat. Res. O. s. 5.
3) Nat. Res. O. s. 6.
4) ö.A.V. § 2.
5) Nat. Auth. O. s. 7, h.
6) Nat. Res. O. s. 5.
7) „ „ „ s. 5; Nat. Auth. O. s. 7, h.

sich eine solche Einschränkung, da sich aus der Natur der für die Fron in Betracht kommenden Arbeiten ihre Dauer von selbst ergibt.

§ 6. Vergütung.

Bezahlung für diese Arbeiten wird grundsätzlich nicht gewährt. In D.O.A. kann in besonderen Fällen von dieser Regel abgewichen werden. Die zu gewährende Entschädigung hat dann aber den Charakter eines Geschenks, das nach Gutdünken der Behörde versagt oder gewährt werden kann.[1]) Ein Anspruch darauf von Seiten der Eingeborenen besteht nicht. In Br.O.A. ist keine ausdrückliche Vorschrift über die Bezahlung dieser Arbeiten erlassen, jedoch läßt sich aus der Entstehungsgeschichte der Verordnungen entnehmen, daß es sich auch hier um „Arbeiten, die ohne Bezahlung als öffentlich-rechtliche Pflicht geleistet[2]) werden", handelt. Die Village Headman's Ordinance von 1902 hatte auch schon eine Pflicht zur Straßeninstandhaltung für die Dorfhäuptlinge festgesetzt und bestimmt, daß dahingehende Anordnungen der Behörde an den Häuptling auch gegen die Dorfeinwohner durchgesetzt werden können. Nach einer Entscheidung des High Court in Mombassa[3]) gab diese O. jedoch keine Handhabe, die Eingeborenen zu diesen Arbeiten auf „eigene Kosten" — d. h. ohne Bezahlung oder Steuernachlaß — zu zwingen. Dadurch war die Ordinance praktisch eben nicht „enforcable". In dieser Erkenntnis und in der ausgesprochenen Absicht, die Anordnungen der Häuptlinge zu unterstützen und tatsächlich durchsetzbar zu machen, wurde 1912 die neue Native Authority O. erlassen.[4]) Sie gibt den Häuptlingen das Recht, die Eingeborenen zu diesen Zwangsarbeiten herbeizuziehen. Damit ist ausgedrückt, daß hier nunmehr allerdings eine „Corvée" eingeführt ist, deren Rechtmäßigkeit auf Grund der O. von 1902 der High Court in Mombassa 1908 noch bestritten hatte. Das Gleiche folgt aus den fast wörtlich gleichlautenden Vorschriften der Nat. Res. O. für die Verhältnisse in den Reservaten.

§ 7. Verpflegung.

Durch die Fronarbeit soll ein Teil der Arbeitskraft der Eingeborenen zugunsten der Allgemeinheit ausgenutzt werden. Sie soll eine Belastung der Wirtschaftskraft des Einzelnen sein, die neben den übrigen täglichen Anforderungen und über sie hinaus an sein Vermögen herantritt. Deshalb wird auch grundsätzlich keine freie Verpflegung gewährt, sondern die Angehörigen haben den im Fronverhältnis Stehenden mit Nahrung zu versehen, gerade wie wenn er in der eigenen Wirtschaft arbeitete. Andererseits sollen von dem Eingeborenen nicht außer seiner körperlichen Arbeit noch besondere Auf-

[1]) d.A.V. § 6.
[2]) vgl. Claß, S. 74.
[3]) E.A.L.R. II, S. 134.
[4]) vgl. Anhang zur O.G. vom 1. 10. 1912 S. 7.

wendungen für seine Verpflegung gefordert werden, die ihm erwachsen würden, wenn er z. B. wegen zu weiter Entfernung des Arbeitsplatzes von seinem Wohnort nicht, oder nur mit Schwierigkeiten, von seinen Angehörigen mit Nahrung versehen werden kann. In diesem Fall ist ihm ausreichendes Verpflegungsgeld oder Naturalverpflegung zu gewähren.

Ausgesprochen sind diese Bestimmungen nur für D.O.A.[1]) In der britischen Kolonie wird es die Aufgabe der Verwaltungspraxis sein, die durch theoretische Erwägungen begründeten Maßnahmen dem Bedürfnis des Augenblicks entsprechend zu treffen.

§ 8. Folgen der Nichterfüllung der Fronpflicht.

Die Nichterfüllung der Verpflichtung zur Fronarbeit zieht in beiden Kolonien Strafe nach sich. Nach deutschem Recht können von der Verwaltungsbehörde in ihrem friedlichen Machtbereich Zwangsarbeiten angeordnet werden, d. h. die Eingeborenen werden angehalten, die betreffende Arbeit unter Aufsicht in bestimmter Frist fertigzustellen.[1]) Nach britischem Recht hat der die Fronarbeit verweigernde Eingeborene eine Geld- bezw. Gefängnisstrafe verwirkt,[2]) die in den Reservaten erheblich niedriger ist, als in den Dörfern außerhalb der Reservate.[3]) In den Reservaten besteht auch die Möglichkeit, statt dessen den Eingeborenen nach Eingeborenenrecht zur Verantwortung zu ziehen. Welcher Weg gewählt werden soll, entscheidet der Dorfhäuptling. Die Möglichkeit einer direkten Bestrafung durch die Verwaltungsbehörde entsprechend dem direkten Anordnungsrecht für den Fall, daß der Häuptling versagt, ist eine Neuerung der Native Authority O. Unter der O. von 1902 hatte der Gouverneur nur das Recht, den Häuptling aufzufordern, die Straßen instand zu halten. Diese Aufforderung sollte gegen die Dorfbewohner durchsetzbar sein, war es aber nicht, wie wir schon sahen. Die Behörde (nach der schon zitierten Entscheidung des High Court in Mombassa) hatte nicht das Recht mit ihrer Autorität den Aufforderungen des Häuptlings an seine Dörfler Nachdruck zu verleihen. Ein Umschwung der Anschauung gegenüber diesen noch Ende 1908 gutgeheißenen Ansichten macht sich schon bemerkbar in der kaum 1½ Jahr später erlassenen Native Res. O. Dort wird expressis verbis die Verpflichtung zur Fronarbeit in gewissen Fällen festgesetzt. 1912 wurde die analoge Regelung für alle Eingeborenen getroffen; wohl mit aus dem Grunde, daß von den Einwohnern direkter europäischer Verwaltung unterstehender Gebiete, wo ihnen gewisse Errungenschaften — z. B. auf dem Gebiete des Verkehrs- und Gesundheitswesens — mehr zugute kommen, als den Eingeborenen der Reservate, billigerweise nicht leichtere und weniger Gegen-

---

[1]) d.A.B. § 7.
[2]) Nat. Auth. O. s. 9.
[3]) „ Res. „ „ 6,1.

leistungen gefordert werden dürfen, als von denen, die diese Vorteile der europäischen Kolonisation entbehren.

Im Prinzip aber sehen wir in dieser Entwicklung eine Bestätigung der Ansicht britischer Kolonialverwaltungspraktiker, wie sie z. B. Stigand in seinen „Administration in Tropical Africa“[1]) vertritt: „Eingeborene, die in eigenen Wirtschaften tätig sind und deshalb nicht für fremde Betriebe arbeiten wollen, sind dennoch, sobald die in solchen Gebieten möglichst einzuschränkenden Regierungsarbeiten nötig werden, unter Anwendung von Zwangsmitteln dazu heranzuziehen; Eingeborene, die nicht einmal für ihre eigenen Bedürfnisse arbeiten wollen, sind zu Arbeiten für die Regierung ohne irgendwelche Beschränkungen zu zwingen“.

§ 9. Fronarbeit als „Strafe“ in Britisch-Ostafrika.

Hier ist noch eine eigentümliche Art des Fronverhältnisses zu besprechen, die in Br.O.A. vorkommt. Es handelt sich um Zwangsarbeiten, die einem Stamme, einer Dorfgemeinschaft oder einer andern der primitiven Gebietskörperschaften der Eingeborenen als solcher auferlegt werden können, zur Strafe bei gewissen Tatbeständen (z. B. Zeugnisverweigerung in Kriminalsachen, Beihilfe zur Flucht von Verbrechern, Verdacht der Sachhehlerei.[2]) Wäre die Verhängung des Fronverhältnisses nur als Sühne für solche Straftat anzusehen, so würde das Institut uns an dieser Stelle nicht interessieren. Es liegt aber neben dem strafrechtlichen auch ein öffentlich-rechtliches Moment zugrunde. Wegen der Schwierigkeit der Feststellung der tatsächlich Schuldigen, kann die gemeinsame Strafe eben auch ohne Rücksicht darauf, ob bei jedem einzelnen Glied des Stammes usw. die Täterschaft erwiesen ist, verhängt werden. Nach einem Urteil des High Court in Mombassa kann die gemeinsame Strafe einer Gemeinde auferlegt werden, von der ein oder mehrere Glieder an der Ausführung einer Straftat beteiligt gewesen sind, wenn es praktisch unmöglich ist, die einzelnen Täter festzustellen.[3]) Besonders klar wird die Bedeutung des öffentlich-rechtlichen Moments bei einem in der Verordnung besonders aufgeführten Tatbestand. Wenn in einer Gemeinde ein Mordanfall geschehen oder eine Leiche gefunden ist, so können die Bewohner schlechthin — der Wortlaut der O.[4]) vermeidet hier die Unterscheidung zwischen „allen“ und „einigen“ Mitgliedern des Stammes usw., die bei den übrigen Tatbeständen durchgeführt wird[5]) — nach Maßgabe der O. bestraft werden, es sei denn, sie hätten keine Möglichkeit zur Hinderung des Verbrechens oder zur Festnahme der Täter gehabt, oder sie hätten alle vernünftigen Mittel angewandt, um

---

[1]) Stigand, S. 186.
[2]) C.P.O. s. 2 verbunden mit C.P.A.O.
[3]) E.A.L R. I, S. 51.
[4]) C.P.O. s. 3.
[5]) „ „ „ „ 2.

den Täter den Gerichten zu überliefern. Es kann also das öffentlich-rechtliche Verhältnis der bloßen Zugehörigkeit zu einer Dorfgemeinschaft oder einem in der geschilderten Art straffälligen Stamme die Verpflichtung zur Fronarbeit begründen, denn die zunächst vorgesehene Geldstrafe[1]) kann durch den Gouverneur in Zwangsarbeit umgewandelt werden.[2]) Die Häuptlinge usw. der bestraften Dörfer können zum Bau und Instandhaltung von Straßen oder anderen öffentlichen Arbeiten jeden körperlich tauglichen Mann heranziehen.[3]) Die Weigerung, der Aufforderung nachzukommen, zieht Bestrafung nach Eingeborenenrecht nach sich.[4]) Dauer der Arbeit und Art der Ausführung bestimmt der vom Gouverneur mit der Aufsicht betraute Beamte. Die Arbeit ist auf dem Gebiet der betreffenden Gemeinde usw. oder an dessen Grenzen auszuführen.[5]) Ist sie nicht in der bestimmten Zeit oder zur Zufriedenheit des die Aufsicht führenden Beamten fertiggestellt, so kann der Gouverneur die Einwohner des Dorfes mit einer Geldstrafe belegen.[6])

Kap. 3. **Steuerarbeit.**

§ 1. Steuerbefreiung bei Nachweis geleisteter Arbeit.

Wir haben oben die Steuer als ein Mittel bezeichnet, um auf die Eingeborenen einen Zwang zur Arbeit auszuüben. Es soll dadurch eine allmähliche Gewöhnung der Eingeborenen an regelmäßige Arbeit erreicht werden. Die Steuerpolitik bietet verschiedene Handhaben, um auf die Eingeborenen zur Übernahme von Arbeiten einzuwirken.

In D.O.A. suchte man dies zunächst dadurch zu erreichen, daß Eingeborenen, die auf europäischen Betrieben arbeiteten, Steuerbefreiung gewährt wurde. Die deutsche Häuser- und Hüttensteuerverordnung vom 22. 3. 1905 sah in § 15 für erwachsene, männliche, farbige Arbeiter, die auf europäischen land- und forstwirtschaftlichen Betrieben ansässig waren, eine Ermäßigung der von ihnen zu errichtenden Kopfsteuer auf monatlich 12½ Heller, — also jährlich 1½ Rupie gegen 3 Rupien für Eingeborene, die nicht auf Plantagen usw. arbeiteten, — wenn sie länger als sechs Monate auf demselben Betriebe hintereinander gearbeitet hatten. Durch die neue Fassung des Paragraphen in der Verordnung vom 1. 12. 1910 wurde die Kopfsteuer für die Plantagenarbeiter wieder beseitigt, und die Befreiung von der nunmehr grundsätzlich für alle Eingeborenen geltende Häuser- und Hüttensteuer ganz allgemein auf die zur Unterbringung von farbigen Arbeitern auf Plantagen usw. dienenden Ge-

1) C.P.O. s. 2.
2) C.P.A.O. s. 2.
3) " " " " " 3.
4) " " " " " 4.
5) " " " " " 2.
6) " " " " " 5.

bäude ausgedehnt, ohne besondere Beschränkung hinsichtlich der bei dem Betriebe verbrachten Dienstzeit.

Die Verwaltung Br.O.A.'s hat von vornherein auf diese Form der Einwirkung auf die Eingeborenen zur Arbeit in europäischen Betrieben verzichtet, entgegen den wiederholt geäußerten Wünschen und Vorschlägen der europäischen Pflanzungsbesitzer, Farmer usw. Der Labour enquiry board, ein Ausschuß zur Beratung der Arbeiterfrage, legte schon 1908 dem Gouverneur unter anderen den Antrag vor auf Erlaß einer Verordnung, daß einem Eingeborenen, der laut Bescheinigung eines Europäers mindestens einen Monat bei dem Europäer gearbeitet habe, die Steuer ganz oder teilweise erlassen werden möge. Der Gouverneur versprach damals die Erwägung des Antrages,[1]) aber die Steuerverordnung von 1910 enthält nichts in dieser Richtung, und 1912 finden wir unter den Anträgen der Native Labour Commission der Vereinigten Verbände der europäischen Pflanzer, Farmer und Siedler wieder den Vorschlag, eine Ermäßigung der Steuer zu gewähren, wenn ein Arbeiter nachweislich drei Monate bei einem Europäer gearbeitet habe.[2]) Eine solche Anerkennung der Arbeit in europäischen Unternehmungen als letzten Endes dem gemeinen Interesse der Kolonie dienender und daher der Steuerleistung im gewissen Sinne gleichzuschätzende Betätigung ist aber nicht erfolgt.

Auch die neue deutsche Steuerverordnung von 1912 ist von diesem System abgewichen. Durch § 21 der V. werden die Vorschriften der V. von 1905 bezw. 1910, die in gewissen Fällen Steuerfreiheit vorsahen, aufgehoben. Die Ansicht Roemmers,[3]) daß auch unter dieser neuen V. Eingeborene, die mindestens 6 Monate hintereinander in demselben Betriebe gearbeitet haben, von der Kopfsteuer befreit sind, entbehrt der Begründung. (Die Arbeit Webers,[4]) die Roemmer als Beleg anführt, ist 1909, also vor Erlaß der neuen Steuerordnung, erschienen.) Die Steuerfreiheit unter den Bedingungen, die Roemmer anführt, ist übrigens, wie oben dargelegt, schon Ende 1910 aufgehoben worden, und die V. von 1912 bezweckt eine Besteuerung aller Eingeborenen,[5]) einschließlich der wirtschaftlich selbständigen Frauen.[6]) Aus der Aufnahme der Residenturen in die Aufzählung der örtlichen Verwaltungsbehörden im Sinne der V.[7]) läßt sich erkennen, daß es in der Absicht des Gesetzgebers gelegen hat, auch in diesen bis dahin von der Steuer befreiten Gebieten, mit der Erhebung der Steuer zu beginnen, natürlich nur im friedlichen Macht-

[1]) E.A.St. 16. 5. 1908.
[2]) „ „ „ 10. 8. 1912.
[3]) Roemmer, S. 46.
[4]) Weber, S. 170.
[5]) H.K.St.V. § 3.
[6]) „ „ „ „ § 14.
[7]) „ „ „ „ Ausf. Best. Art. 1 gegen Ausf. Best. zur Steuer-V. v. 22. 3. 05 § 1. (L.G.G. I S. 369).

bereich der einzelnen Behörden. Dahlgrün[1]) erwartet eine Fortbildung des Steuersystems dahin, daß eine Abstufung der Steuersumme nach gewissen Merkmalen wirtschaftlicher Leistungsfähigkeit eintritt. Er führt als solches Merkmal u. a. die Höhe des Arbeitslohnes von Eingeborenen, die auf europäischen Betrieben in einem festen Lohnverhältnis stehen, an. Beim Vergleich dieser Ansicht, mit der in den ersten deutsch-ostafrikanischen Steuerordnungen ausgesprochenen erkennt man die wirtschaftlich bedeutungsvolle Wandlung, die sich in diesen Anschauungen vollzogen hat:

Die bloße Tatsache, daß ein Eingeborener über das zur gewöhnlichen Bedürfnisbefriedigung notwendige Maß hinaus Arbeit leistet — natürlich gegen Entgelt — wird nicht mehr als eine der Steuerentrichtung gleichzuwertende Leistung aufgefaßt, sondern das so Erworbene soll als Maßstab dienen, nach dem die Steuerbelastung abgestuft werden soll.

Diese Entwicklung ist auch ein Zeichen für das im Laufe der Zeit stärker gewordene Interesse an dem finanziellen Ertrag gegenüber der kulturellen, erzieherischen Wirkung der Steuer.[2]) Nach der neuen Steuerordnung sind nur die dauernd gegen Monatslohn Angestellten des Fiskus oder der Kommunalverbände von der Kopfsteuer befreit.[3]) Hierin ist jedoch eine aus politischen Gründen eingerichtete Vorzugsstellung der Eingeborenen — um solche kann es sich bei der Kopfsteuer nur handeln —, die für die Regierung tätig sind, zu erblicken. Der Gesichtspunkt, als sei diese Tätigkeit als Äquivalent der Steuerleistung anzusehen, tritt dabei ganz zurück.

§ 2. Arbeit als Steuerleistung.

a. Entwicklung der Rechtsnormen und Zusammenhang mit den Bestimmungen über die Fronarbeit.

Der zweite Weg, auf dem durch Steuerpolitik eine Einwirkung auf die Eingeborenen im Sinne der Heranziehung zur Arbeit erreicht werden kann, ist der, daß ad hoc geleistete Arbeit unmittelbar als Steuerleistung angenommen wird. Diese Form der Heranziehung zur Arbeit in D. u. Br.O.A. gesetzlich geregelt.

Es ist interessant, die Entwicklung der einschlägigen Bestimmungen in beiden Gebieten zu verfolgen. Die deutsche Häuser- und Hüttensteuerverordnung vom 1. 11. 1897[4]) sah in § 11 für Besitzer von Eingeborenenhütten die Möglichkeit vor, die Steuer in natura zu leisten; dazu rechnete man auch die Arbeitsleistung. Grundsätzlich stand es dem Steuerpflichtigen frei, zu wählen, ob er in bar oder in natura leisten wollte; doch hatte das Bezirksamt seine Zustimmung zu

---

[1]) K.R. 1914, S. 230.
[2]) vgl. Burslan, S. 10 ff.
[3]) H.K.St.V. Ausf. Best. Art. 7.
[4]) R.Z. II, S. 368.

geben. Nach Möglichkeit hatte es darauf zu sehen, daß die Steuer in bar einging (vgl. den Runderlaß vom 21. 8. 1899).[1])

Über die Regelung des Problems in den britisch-ostafrikanischen Steuerverordnungen von 1901 und 02 läßt sich nichts feststellen, da die Texte der Verordnungen zur Zeit nicht zu beschaffen sind, aber noch die East Africa Hut Tax Ordinance vom 28. 8. 1903[2]) gab in s. 4 dem Gouverneur das Recht, die Annahme der Zahlung von Hüttensteuer in Arbeit zu veranlassen. Hier war jedoch schon gesetzlich vorgeschrieben, daß den Eingeborenen die freie Wahl zwischen der Leistung in Geld, Naturallieferung oder Arbeit zu lassen sei. In der Hut and Poll Tax Ordinance vom 11. 3. 1910[3]) ist die Steuerleistung in Arbeit ganz oder zum Teil je nach der Arbeitsfähigkeit[4]) von solchen Eingeborenen zu verlangen, die nach der Überzeugung des Distriktskommissars nicht die Mittel zur baren Zahlung haben und sie sich auch nicht beschaffen können. Wer also bar zahlen kann, muß es tun, es besteht nicht mehr die freie Wahl für den Steuerpflichtigen.

Die Beschränkung der Annahme von Arbeit als Steuerleistung auf solche Fälle, in denen der Betreffende auf andere Weise seiner Steuerpflicht nicht genügen kann, ist seit der Verordnung von 1912 auch in D.O.A. eingeführt. In dem Artikel 16 der Ausführungsbestimmungen zu der Steuerverordnung zu 1912 ist der in Artikel 13 der Ausführungsbestimmungen von 1905 noch fehlende Zusatz aufgenommen, nach dem nur für Eingeborene, die zur Zahlung der baren Steuer außerstande sind, für Arbeitsgelegenheit zu sorgen ist.

Die Beschränkung der Verpflichtung zur Steuerarbeit auf zur Barzahlung Unfähige ermöglicht eine klare begriffliche Scheidung der Steuerarbeit von der Fronarbeit (s. oben); die Verpflichtung zur Steuerarbeit kann durch Zahlung von Geld abgelöst werden, die zur Fronarbeit — auch zur entgeltlichen — nicht.

An dieser Stelle sei auf eine Entwicklung des Kolonialverwaltungsrechts hingewiesen, die Bursian[5]) für D.O.A. zuerst verfolgt hat. Es handelt sich um den Zusammenhang der Verpflichtung der Eingeborenen zur Leistung öffentlicher Arbeiten mit der Steuerpflicht. Wie wir oben gesehen haben, ist in D.O.A. eine gesetzliche Regelung dieser Verpflichtung zuerst in den Steuerordnungen erfolgt, durch die Verordnung von 1897; in Br.O.A. wahrscheinlich schon durch die Ordinances von 1901 und 1902. Aber auch 1902 finden wir in der Village Headman Ordinance Ansätze zur selbständigen Regelung des Instituts der unfreiwilligen Arbeit, in dem wenigstens die Verpflichtung als solche festgestellt und von der Steuerordnung losgelöst wurde,

[1]) K.G. IV. S. 94.
[2]) O.G. 1. 9. 1903, S. 297.
[3]) Nat.H.P.O. s. 8,1.
[4]) „ „ „ „ 10.
[5]) Bursian, S. 20.

wenn auch das oben (S. 25) angeführte Urteil des High Court in Mombassa durch seine Betonung der Erforderlichkeit von Steuernachlaß oder andern Entschädigungen für die Leistung von solchen Arbeiten die Erinnerung an den ursprünglichen Zusammenhang wiederaufleben läßt. Die Roads in the Native Reserves O. von 1910 konstatiert die Arbeitsverpflichtung bereits ganz unabhängig von der Steuerpflicht, die nach s. 3 der Hut and Poll Tax O. von 1910 jedem Eingeborenen obliegt. Die letztgenannte O. enthält wieder genaue Vorschriften über die Regelung der an Stelle der Steuer zu leistenden Arbeit und betont damit wieder den Zusammenhang mit den steuerrechtlichen Normen. Auch die deutsche ö.A.V. von 1905, die nach Bursian[1]) für D.O.A. die Lösung der Pflichtarbeitsfrage von der Steuerregelung dartut, erhält ihrerseits wieder durch die dazu ergangenen Ausführungsbestimmungen und Runderlasse[2]) ein solches Gepräge, daß man den Teil ihrer Bestimmungen, der über die in Kap. 2 dieser Arbeit behandelte Verpflichtung zur Instandhaltung nicht befestigter Wege hinausgeht, in der Tat nur als Ergänzung zu den Steuerordnungen auffassen kann. Ihre Bedeutung liegt darin, daß sie das Institut der Pflichtarbeit, mag es sich nun um Fron- oder Steuerarbeit handeln, selbständig einheitlich regelt.[3]) Die Bestimmungen der ö.A.V. von 1905 dienen dementsprechend auch als Ergänzung zu der neuen Steuerordnung von 1912, nachdem ihr ursprüngliches Gegenstück, die Steuerordnung von 1905, aufgehoben ist. In der britischen Nachbarkolonie sind solche Vorschriften, die die Einzelheiten der Pflichtarbeit regeln, in den einzelnen Verordnungen enthalten.

b. Gegenstand und Dauer der Verpflichtung.

Die Art der Arbeit ist entsprechend der öffentlich-rechtlichen Leistung der Steuer, an deren Stelle sie tritt, in erster Linie solche im öffentlichen Interesse. Die deutsche Steuerverordnung von 1897 bestimmte in § 13, die Verwendung der als Steuerleistung angebotenen Arbeitskräfte habe nach dem Ermessen der örtlichen Verwaltungsbehörde im Interesse ihres Bezirks zu erfolgen, in erster Linie zum Wegebau. Die neuen Regelungen von 1905[4]) und 1912[5]) setzen nun fest, daß die Verwaltungsbehörden innerhalb der ihnen zur Verfügung stehenden Mittel Gelegenheit zur Arbeit geben sollten. Zur Ergänzung dieser Bestimmungen ist wie oben erwähnt, die ö.A.V. von 1905 mit den dazugehörigen Ausführungsinstruktionen und Runderlassen heranzuziehen. Aus den Instruktionen[6]) zu dieser

[1]) vgl. S. 31, A. 5.

[2]) L.G.G. II S. 290, 292.

[3]) Dies wird wichtig, besonders bei der Frage der Ausdehnung der Arbeitspflicht, der Zahlung von Verpflegungsgeld und der Folge der Nichtleistung der Pflichtarbeit. vgl. ö.A.V. §§ 4, 7, 9 und oben S. 22, 25, 26.

[4]) Ausf. Best. z. V. v. 1905 § 13, L.G.G. I. S. 372.

[5]) H.K.St.V. Ausf. Best. Art. 6.

[6]) L.G.G. II S. 290.

Verordnung geht schon hervor, daß Arbeiten, die über die gewöhnliche Instandhaltung der Wege hinausgehen, nicht allgemein als öffentlich-rechtliche Pflicht verlangt werden sollen, sondern nur in dem Falle, wo keine baren Steuern[1]) gezahlt würden. Die von Roemmer[2]) gegebene Auslegung der ö.A.V., als gebe sie die Möglichkeit, ohne weiteres die Eingeborenen zu solchen weitergehenden Arbeiten heranzuziehen, ist nach dem Wortlaute der zitierten Ausführungsbestimmungen nicht aufrechtzuerhalten. Nur im Falle von Steuerarbeit kann die Heranziehung zu anderen Arbeiten als Wegebau und Instandhaltung erfolgen. Die hierzu erforderliche Genehmigung des Gouverneurs[3]) wird in § 5 der Ausführungsbestimmungen für Arbeiten, wie sie auf Grund der Steuerverordnung von 1897 geleistet wurden, — z. B. Stationsbau, Träger- und Botendienste —[4]) generell erteilt. Hierbei handelt es sich immer um Arbeiten im öffentlichen Interesse. Ebenso nach der britischen Verordnung von 1910.[5])

In Br.O.A. war bis dahin noch nichts über die Art der Steuerarbeit vorgeschrieben. Die O. von 1903 enthält in s. 4 nur ganz allgemein die Bestimmung, daß die Steuer in Arbeitsleistung angenommen werden kann, ohne eine Erklärung darüber, ob etwa die Steuersumme bei einem Privatunternehmer erarbeitet werden kann oder nicht. Diese für Br.O.A. wie gesagt nunmehr ausgeschlossene Möglichkeit ist in der Deutschen Kolonie noch heute gegeben. Die Ausführungsverordnung von 1905 § 13 und von 1912 Art. 16 bestimmt gleichlautend, daß Steuerarbeiter Privatunternehmern gegen bare Zahlung der fälligen Steuer überwiesen werden können.

Der Eingeborene, der einem Privatunternehmer überwiesen wird, geht mit diesem einen unfreiwilligen Arbeitsvertrag ein. Der Unterschied vom bedingten Arbeitszwang (s. S. 19) liegt darin, daß bei diesem der erzwungene Arbeitsvertrag selbst Zweck ist, während in dem jetzt behandelten Falle, der Vertrag — ebenfalls unfreiwillig — zur Erfüllung der öffentlich-rechtlichen Pflicht der Steuerzahlung abgeschlossen wird. Die Dauer der Arbeitsleistung setzt die Verwaltungsbehörde im Einvernehmen mit dem Unternehmer fest, nach Maßgabe der für die Heranziehung zu Steuerarbeiten im öffentlichen Interesse geltenden Bestimmungen; denn eine Zuweisung von Steuerarbeitern an Privatbetriebe läßt sich nur rechtfertigen, wenn man den Privatbetrieb für die Entwicklung des ganzen Verwaltungsbezirks von so großer Bedeutung hält, daß man sein Interesse etwa als Gemeininteresse des Bezirks ansprechen kann. Dann muß man aber

[1]) ö.A.V. Instr. §§ 2 u. 6.
[2]) Roemmer, S. 46.
[3]) ö.A.V. § 5.
[4]) vgl. Runderlaß betr. die Verrechnung der Häuser- und Hüttensteuer vom 20. 6. 1901 (R.Z. II, S. 352).
[5]) Nat. H.P.O. s. 8, 1.

auch auf das Verhältnis eines solchen Betriebes zu den „öffentlich-rechtlichen“ Steuerarbeitern dieselben Normen anwenden, wie es die Behörde selbst tun muß. Demnach ist die Dauer der Heranziehung zu Arbeit im öffentlichen Interesse bezw. der Überweisung so zu bemessen, daß durch den Wert der Arbeitsleistung, dessen täglichen Betrag die Verwaltungsbehörde festsetzt, die zu zahlende Steuersumme beglichen wird.[1]) In Br.O.A. ist der Wert eines Arbeitsmonats mit 3 Rupien gesetzlich festgelegt, und die Zeit, die der Eingeborene nach Anordnung der Provinzial- bezw. Distriktskommissare im öffentlichen Interesse zu arbeiten hat, richtet sich dementsprechend nach der Höhe der von ihm zu zahlenden Steuersumme.[2])

c. *Geschlecht und Alter der Verpflichteten.*

Die Eingeborenen konnten ursprünglich in beiden Kolonien ohne Rücksicht auf das Geschlecht zur Steuerarbeit herangezogen werden. Die deutsche V. von 1897 läßt ausdrücklich auch Frauenarbeit zu (§ 11, 3), und auch die britische O. v. 1903 spricht nur von „Erwachsenen“ ohne Beschränkung auf das männliche Geschlecht als Steuerpflichtigen, die eventuell ihre Steuer abzuarbeiten haben.[3]) Die deutsche V. betr. die Heranziehung von Eingeborenen zu öffentlichen Arbeiten beschränkt die Arbeitsverpflichtung auf erwachsene, arbeitsfähige Männer. Die Ausführungsbestimmungen zu den Steuerverordnungen von 1905 und 1912 stimmen damit überein. Die neueste Verordnung verengert den Kreis der Arbeitspflichtigen noch weiter auf solche Steuerpflichtigen, die Hütten nach Eingeborenenart in ländliche Ortschaften bewohnen.[4]) Nicht arbeitspflichtige männliche oder weibliche Steuerpflichtige, die in ländlichen Ortschaften in Häusern oder Hütten nach Eingeborenenart wohnen, sind mithin von der Steuer befreit. In Br.O.A. kann nach der V. von 1910 Personen, die wegen Alter oder Krankheit keine Arbeit verrichten können, die Steuer ganz oder teilweise von der örtlichen Verwaltungsbehörde erlassen werden.[5]) Frauen sind auch in Br.O.A. von Steuerarbeit befreit.[6])

d) *Geltung der Normen für den Arbeitsvertrag.*

Die britische O. stellt die Steuerarbeiter in ihrem Verhältnis zu der Behörde, die ihnen die Arbeit vorschreibt, genau den freiwilligen Kontraktarbeitern im Verhältnis zu ihren Arbeitgebern gleich; für die Steuerarbeiter gilt das jeweils in Kraft befindliche Arbeits-

[1]) ö.A.V. Instr. §§ 3, 4.
[2]) Nat. H.P.O. s. 1.
[3]) East Africa Hut Tax Ordinance vom 28. 8. 1903 s. 3 u. 4 (O.G. 1. 9. 1903 S. 297.)
[4]) H.K.St.V. Ausf. Best. Art. 6 verb. m. H.K.St.V. § 3.
[5]) Nat. H.P.O. s. 10.
[6]) „ „ „ „ „ 8,1 „who can not procure the means of paying the tax payable by him“.

vertragsrecht.[1]) Das Moment der Freiwilligkeit fehlt bei der Begründung des Verhältnisses auf Seiten der einen Partei, ganz wie beim Arbeitszwang in West-Usambara. Die O. gilt aber ausdrücklich „auch wenn sie für die Behörde tätig sind". Es wird daher auf die Darstellung der vertraglichen Arbeit im zweiten Hauptteil dieser Abhandlung verwiesen. Nur ein Unterschied besteht zwischen der Stellung der Vertragsarbeiter und der Steuerarbeiter in Br.O.A.: diese erhalten keinen baren Lohn. Auch das deutsch-ostafrikanische Kolonialrecht faßt das Verhältnis der Steuerarbeit als ein vertragsähnliches auf. Schon der Art. 16 der Ausführungs-V. v. 1905 bestimmte, daß Lohn gezahlt werden und daß der Steuerbetrag davon abgezogen werden soll, ebenso etwa gewährtes Verpflegungsgeld oder der Wert der Naturalverpflegung.[2]) Da die Arbeitsdauer in der Regel so bemessen sein wird, daß gerade der Steuerbetrag abgearbeitet werden kann, so bedeutet diese Bestimmung in der Praxis dasselbe wie die britische: der Eingeborene erhält keinen Lohn. Aber durch die Fiktion der Lohnzahlung wird wenigstens ein wichtiges Moment des privaten Vertragsrechts: das der Gegenleistung beim gegenseitigen Vertrag in das mehr öffentlich-rechtliche Verhältnis hineingetragen und so die Grundlage geschaffen für die analoge Anwendung des deutsch-ostafrikanischen Arbeitsvertragsrechts auf diese Verhältnisse.

II. Vertragliche Arbeit.

Kap. 4. Die wirtschaftspolitische Entwicklung der einschlägigen Rechtsnormen.

Pflichtarbeit wird, wie wir aus Vorstehendem ersehen haben, in der Hauptsache nur im öffentlichen Interesse von den Eingeborenen verlangt. Die wirtschaftliche Entwicklung der beiden Kolonien beruht zum großen Teile auf dem Gedeihen der auf die eingeborenen Arbeitskräfte angewiesenen Privatbetriebe. Die Auswertung dieser Kräfte erfolgt auf Grund *freiwillig* eingegangener vertraglicher Verpflichtungen der Arbeiter gegenüber dem Unternehmer, der seinerseits durch den Arbeitsvertrag gewisse Verbindlichkeiten übernimmt.

Sobald der Eisenbahnbau und die wachsende Betätigung von Europäern die Nachfrage nach eingeborenen Arbeitern steigerte — in Deutsch-Ostafrika hauptsächlich durch die Plantagenwirtschaft an der Küste und im Hochland von Usambara, im britischen Nachbargebiet, bald auch durch die Farmwirtschaft der dauernd angesiedelten Europäer —, wurde eine Regelung des Arbeitsverhältnisses der Eingeborenen zu den weißen Arbeitgebern nötig. In beiden Kolonien sehen wir die gleiche Entwicklung: in der ersten Zeit finden sich gesetz-

[1]) Nat. H.P.O. s. 8,1.
[2]) d.A.V. Instr. § 4,2 und d.A.V. § 7.

liche Regelungen des Dienstverhältnisses von Eingeborenen zu Europäern fast nur für den besonderen Fall des Trägerdienstes, z. B. die Verordnung des Gouverneurs von D.O.A. betreffend die Anwerbung von Trägern vom 20. 11. 1893[1]) und die verschiedenen „Porters Regulations" im britischen Ostafrika von 1896 bis 1899, die durch „the Native Porters and Labour Regulations" von 1902[2]) endgültig fixiert wurden. In dem geänderten Titel der Verordnungen spiegelt sich ein Stück ostafrikanischer Wirtschaftsgeschichte wieder. Die Zeit der Erforschung des Landes war zwar noch nicht vorüber, aber die Eingeborenen traten doch schon auch zu anderen Zwecken in Arbeitsverhältnisse zu den Europäern als nur, um ihnen auf militärischen und wissenschaftlichen Expeditionen Trägerdienste zu leisten. Es war inzwischen auch (Ende 1901) die erste ostafrikanische Eisenbahn — die Ugandabahn — fertig geworden, und allmählich begann das Stadium der unmittelbaren Bewirtschaftung das der Erwerbung und Erkundung des Landes abzulösen. Die Eingeborenen traten nunmehr auch als Hirten, Acker- und Gartenknechte in den Dienst der Weißen. In D.O.A. erschien 1896 bereits eine Verordnung betreffend den Abschluß von Arbeitsverträgen mit Farbigen, die 1897 etwas geändert wurde. Sie mußte aber 1899 zurückgezogen werden, da sie sich als undurchführbar erwies und Härten gegen die Arbeitgeber enthielt.[3])

Aus der oben geschilderten wirtschaftlichen Entwicklung heraus entstanden nun verschiedene Schwierigkeiten, einmal durch die in einzelnen Bezirken herrschende Knappheit der vorhandenen, mehr oder weniger arbeitswilligen Kräfte; daneben durch die Natur des Negers, der zu intensiver Arbeit im europäischen Sinne erst erzogen werden mußte,[4]) und durch den diesen Faktoren entgegentretenden großen Bedarf an Arbeitern. Dieser Lage mußte die gesetzliche Regelung des Arbeiterwesens gerecht werden. Immer stärker trat das öffentliche Interesse daran hervor, wenn auch v. Stengel zu weit geht, der annimmt, „es verschob sich das ganze Verhältnis der Arbeitgeber zu den Arbeitern der Hauptsache nach aus dem Gebiete des Privatrechts in das des öffentlichen Rechts."[5])

Einerseits waren Vorschriften für eine humane Behandlung des Negers zu erlassen, um im eigensten Interesse der Arbeitgeber gegen etwaige Übergriffe vorgehen zu können; andererseits mußte den Arbeitgebern die möglichste Sicherheit gegeben werden, daß die Arbeiter auch ihrerseits ihren Verpflichtungen nachkamen. Die Forderung der Pflanzer und Siedler, daß auch von seiten der Eingeborenen zur Entspannung der Arbeiterschwierigkeiten beigetragen werde, fanden

---

1) L.G.G. I., S. 310.
2) O.G. v. 1. 3. 1902, S. 61.
3) Vergl. R.Z. II, S. 318 u. III, S. 8 sowie L.G.G. 1. Auflage, S. 304.
4) Vergl. Rohrbach, S. 34/38.
5) Von Stengel, S. 260.

ihren Ausdruck in beiden Schutzgebieten in dem Verlangen nach Regierungsmaßnahmen zur Veranlassung der Eingeborenen, auf europäischen Betrieben, in Arbeit zu gehen.[1])

In den ersten gesetzlichen Vorschriften, die sich mit der durch die fortgeschrittene Wirtschaftslage der Gebiete entstandenen Situation unter Hervorkehrung des öffentlich-rechtlichen Gesichtspunktes befaßten, wurden die Verpflichtungen der Vertragsparteien im Anwerbe- und Arbeitsverhältnis gesetzlich festgelegt und durch Strafandrohung erhielt ihre Verletzung ein „doppeltes Gesicht"; indem sie nämlich einmal als privatrechtlicher Vertragsbruch, daneben aber auch als öffentlich-rechtliches Delikt anzusehen ist.

Die britisch-ostafrikanische M.S.O. von 1906 mit den 1907 erschienenen ergänzenden Regeln[2]) und die im gleichen Geiste verfaßten deutschen Arbeiter- und Anwerbeverordnungen von 1909[3]) waren, wie Claß[4]) für die deutschen Verhältnisse darlegt, hauptsächlich aus dem Bestreben entstanden, „mit der immer noch nachwirkenden Ausbeutungstheorie der älteren Kolonialpolitiker endgültig zu brechen". In diesem Bestreben ließen sie aber die berechtigten Forderungen der Arbeitgeber zu sehr außer Acht. In beiden Schutzgebieten erhob sich gegen eine Regelung der Verhältnisse, die dem Weißen einseitig Lasten auferlegte, ohne dem Eingeborenen entsprechend zur Erfüllung seiner Verpflichtungen anzuhalten, scharfer Widerspruch, der im britischen Protektorat recht erregten Ausdruck fand:[5]) Man verlangte kategorisch die Zurückziehung der als besonders drückend empfundenen Regeln vom November 1907. An gesetzlichen Maßnahmen, um die Eingeborenen zur Arbeitssuche zu veranlassen, forderte man die Umänderung der Hüttensteuer in eine Kopfsteuer und die Einführung des Paßzwanges. In D.O.A., wo keine derartige Erregung entstanden war, wünschte man ebenfalls wirksamen Schutz gegen den Kontraktbruch[6]) durch Verschärfung der Strafandrohung, Steuerumwandlung und Paßzwang.[7])

Die Gouvernements der beiden Kolonien sahen sich genötigt, dem geschlossenen Widerstand der Arbeitgeber etwas nachzugeben. Die beanstandeten britischen Regeln wurden durch weniger drückende ersetzt,[8]) und die Politik der Regierung lenkte in den Arbeitgebern freundlichere Bahnen ein.[9]) In D.O.A. wurde die Strafverschärfung für Kontraktbruch durch Verordnung vom 7. 12. 1909 eingeführt, und

---

1) Vergl. E.A.St. v. 28. 3. 08, Uſ.P. vom 13. 3. 09 u. Rohrbach a. a. O.
2) O.G. v. 1. 4. 1906, S. 113 u. 1. 12. 1907, S. 478.
3) L.G.G. I, S. 311 u. 319. Vergl. Brode, S. 91.
4) Claß, S. 2.
5) Brode, S. 90; E.A.St. v. 28. 3. 08. u. 22. 8. 08. Uſ.P. vom 13. 3. 09 u. 10. 7. 09.
6) Uſ.P. vom 10. 4. 09.
7) Vgl. außer den obigen deutschen Quellen noch Uſ.P. vom 12. 1. 09.
8) O.G. vom 1. 4. 08 S. 221.
9) E.A.St. vom 5. 12. 08 S. 12.

auch hier suchte die Politik des Gouvernements sich den Ansichten der „Wirtschaftler" wieder zu nähern.[1]) Tiefergehende Änderungen der Arbeiterpolitik setzten in D.O.A. und Br.O.A. erst nach einem Personenwechsel an leitender Stelle ein. 1910 erschien für Br.O.A. die noch geltende M.S.O. 1910,[2]) „eine deutliche Änderung in der Politik der Regierung".[3]) Ferner die H.P.O. 1910,[4]) durch die als Ergänzung der Hüttensteuer die Kopfsteuer eingeführt wurde, endlich die D.S.O. 1910,[5]) die für häusliche Dienstboten den Paßzwang festsetzte. Soweit wie in diesen Verordnungen ging das Entgegenkommen der Regierung von D.O.A. gegenüber den Ansichten der Arbeitgeber nicht. Zwar bemühen sich die 1913 erlassenen Arbeiter- und Anwerbeverordnungen, einen Ausgleich zu schaffen zwischen dem scharfen und einseitigen Eingriff der Staatsgewalt zugunsten der Arbeiter einerseits und den Interessen der weißen Pflanzer und Siedler andererseits, vor allem in dem Sinne, daß diese nicht mehr für Schäden verantwortlich gemacht werden, die nicht sie, sondern die Anwerber verschulden.[6]) Aber die Kopfsteuer als Ergänzung der Hüttensteuer wurde erst 1912 eingeführt und der Paßzwang überhaupt nicht. Nur für häusliche Dienstboten besteht die Verpflichtung, Dienstbücher zu führen, allerdings schon seit der Db.V. von 1894.

Im britischen Protektorat wurde der Paßzwang 1915 — vielleicht als Folge von Kriegserscheinungen? — auf sämtliche Eingeborene des Protektorates ausgedehnt, auch wurde die Hütten- bezw. Kopfsteuer[7]) für einige Gebiete erhöht und zugunsten der Arbeitgeber verschärfende Änderungen der M.S.O. erlassen.

Kap. 5. **Die Anwerbung eingeborener Arbeiter.**

Da aus verschiedenen Gründen, die wir hier nicht einzeln untersuchen können, die Zahl der Arbeiter in den Gebieten, wo sich die europäischen Unternehmungen befinden, in beiden Kolonien vielfach nicht ausreicht, so findet eine ausgedehnte Überführung von Arbeitern zwischen den verschiedenen Bezirken innerhalb der Kolonien statt. Diese „Sachsengänger" werden in den dichter bevölkerten Bezirken bezw. in solchen, wo die Bevölkerung überhaupt mehr zur Arbeit geneigt ist, für die Arbeit auf Pflanzungen, Farmen, angeworben und dann zur Ableistung der Arbeit an die Arbeitsorte transportiert.

Die zur Regelung der Rechtsverhältnisse bei der Anwerbung der Arbeiter in beiden Kolonien erlassenen Vorschriften gehen von dem-

[1]) Uf.P. vom 3. u. 10. 7. 09.
[2]) O.G. vom 1. 4. 1910, S. 128.
[3]) E.A.St. vom 13. 3. 09.
[4]) O.G. vom 15. 3. 1910, S. 967.
[5]) „ „ „ 1. 10. 1910, „ 571.
[6]) Vgl. Zache, S. 84/88.
[7]) O.G. vom 22. 12. 1915, S. 1059 verb. mit O.G. vom 23. 2. 1916, S. 137 und 8. 3. 1916, S. 178.

selben Grundgedanken des Schutzes der Arbeiter gegen Übergriffe der Anwerber aus.

§ 1. Begriff und Umfang der Anwerbung.

Anwerbung von Arbeitern im weiteren Sinne ist jede auf Beschaffung von Arbeitern gerichtete Tätigkeit. Sie kann selbständig oder im Auftrage eines anderen Anwerbers unternommen werden.[1]) Im Interesse einer gerechten Versorgung mit Arbeitskräften ist bei der Ausübung dieser Tätigkeit in beiden Kolonien die Beobachtung gesetzlicher Vorschriften zur Pflicht gemacht. Diese Vorschriften beziehen sich jedoch nicht auf „Anwerbung" im oben dargelegten weiteren Sinne, sondern sie treten nur unter gewissen Voraussetzungen in Kraft, die in beiden Kolonien gesetzlich festgelegt sind.

In D.O.A. wird unter Anwerbung nur die Annahme von Arbeitern verstanden, die zum Zwecke der „Überführung" der Angeworbenen zur Arbeit in einem anderen Verwaltungsbezirk vorgenommen wird,[2]) im Gegensatz zur „Beschaffung"[3]) von Arbeitern im selben Verwaltungsbezirk. Diese Beschränkung gibt es in Br.O.A. nicht; dort unterliegt die Anwerbung, auch wenn sie in dem Verwaltungsbezirke des Arbeitsortes erfolgt, der gesetzlichen Regelung.[4]) Dagegen haben die Vorschriften für „labour-agents" keine Geltung auf Anwerber für den eigenen Betrieb,[5]) während in D.O.A. auch die Anwerber für eigene Unternehmungen die Bestimmungen der Aw.V. beobachten müssen.[6])

Nach der Art der Arbeiter beschränkt sich in D.O.A. die Geltung der Normen auf Arbeiter für „landwirtschaftliche und gewerbliche Betriebe". Der gegen die Aw.V. von 1909[7]) geänderte Wortlaut des § 3 ist ein Zeichen dafür, daß sich der Begriff „Gewerbe" im Sinne der Aw.V. dem der Reichsgewerbeordnung — „jede erlaubte Erwerbsart, insbesondere Industrie, Handel und verwandte Erwerbszweige, mit Ausnahme der Urproduktion, der höheren Berufe und des Gesindedienstes"[8]). — wieder nähert. Die Anlehnung an die volkswirtschaftliche Vierteilung: Landwirtschaft, Handel, Gewerbe, Industrie,[9]) durch die der Begriff „Gewerbe" wesentlich enger umschrieben wird als in der Gew.O., ist bewußt aufgegeben. Aber doch hat die deutsch-ostafrikanische Aw.V. ihren Begriff „Gewerbe" nicht einfach dem Gedankenkreis der Reichsgew.O. entnommen, wie auch

---

[1]) Aw.V. § 11 M.S.O. s. 2 Abs. 8 u. Gv.R. s. 1.
[2]) „ „ § 3.
[3]) Gouv.R., S. 12.
[4]) M.S.O. s. 33 („any native").
[5]) „ „ „ „ 2 Abs. 8 u. Gv.R. s 1 vbdn. mit M.S.O. s 33.
[6]) Vgl. z. B. Aw.V. §§ 10; 12,1; 13,2.
[7]) L.G.G. I, S. 312.
[8]) v. Landmann I, S. 19.
[9]) Vgl. Claß, S. 19.

Mathies[1]) gegen von Hoffmann[2]) für das gesamte deutsche Kolonialgewerberecht ausführt. Wenn der § 3 der Aw.V. auch nur die Landwirtschaft dem Gewerbe gegenüberstellt, so ist doch die Geltung der Aw.V. für die anderen Urproduktionen durch extensive Interpretation zu unterstellen. Aus der Fassung der §§ 3 und 5 der Gewerbesteuerverordnung von 1907 für D.O.A. ist zu entnehmen, daß die Urproduktionen allgemein mit unter die Gewerbe gerechnet werden. Analog hat man den Begriff „Gewerbe" in der Aw.V. z. B. auch auf den Bergbau auszudehnen. Praktisch ist diese Auslegung durch die Überlegung zu rechtfertigen, daß auch in der Reichsgewerbeordnung, die grundsätzlich auf die Urproduktion keine Anwendung findet, die Geltung ihrer Schutzbestimmungen für Arbeiter großenteils auch auf den Bergbau und ähnliche Produktionsarten ausgedehnt ist.[3]) Da der Schutz der anzuwerbenden und angeworbenen Arbeiter auch Zweck und wesentlicher Inhalt der Aw.V. ist, so kann man ihren Geltungsbereich ebenso weit annehmen. Die Erweiterung des Begriffs „Gewerbe" durch die neue Aw.V. wird ferner bedeutungsvoll für die Frage der Geltung der Aw.V. für die Anwerbung der im ostafrikanischen Wirtschaftsleben so wichtigen Träger. Claß[4]) meint, die Aw.V. von 1909 habe den Handel und seine Hülfsgewerbe, z. B. das Trägerwesen, nicht mitgetroffen. Durch die neue Aw.V. wird nun aber u. E. der Handel mit unter die Gewerbe gerechnet. Grundsätzlich wäre damit die Geltung der Verordnung auch für die Trägeranwerbung ausgesprochen. Es ist jedoch zu berücksichtigen, daß im praktischen Leben Trägeranwerbungen in den allermeisten Fällen zur Verwendung im selben Bezirk erfolgen. Es handelt sich dann also nicht um eine Überführung, und die Aw.V. würde dann aus dem oben (S. 39) dargelegten Grundsatz, wie auch Claß a.a.O. bemerkt, nicht in Betracht kommen. Für den theoretisch denkbaren Fall, es würden Eingeborene in einem Bezirk angeworben und in einen anderen überführt, um von dort aus als Träger verwendet zu werden, ist zu beachten, daß die Geltung der Aw.V. in D.O.A. weiterhin beschränkt ist auf die Anwerbung für „Betriebe", d. h. „auf Erwerb gerichtete und berufsmäßig ausgeübte Tätigkeit"[5]) (vgl. unten S. 41). Auch läßt die Fassung des § 3 Aw. V. erkennen, daß er nur solche Tätigkeiten betrifft, die an einen bestimmten Standort gebunden sind.[6]) Unter diesem Gesichtspunkt ist allerdings der Trägerdienst, der seiner Natur nach an immer wechselnden Orten geleistet werden muß,

---

[1]) Mathies, S. 1/3.

[2]) v. Hoffmann Kol. Gew. R., S. 2.

[3]) vgl. Reichsgew. O. §§ 6, 105b Abs. 1, 115/119a, 135/139b u. v. Landmann I, S. 35 u. S. 109/110.

[4]) Claß, S. 19.

[5]) vgl. v. Landmann I, S. 49.

[6]) .... in denen diese gelegen sind .... Vgl. auch § 17 Aw.V.: .... Betrieb auf (auf, nicht in) dem jeder Arbeiter beschäftigt werden soll ...

nicht mit von den Bestimmungen der Aw.V. betroffen. Dies gilt jedoch, entgegen der Claß schen Ansicht, nicht auch für andere Hülfsgewerbe des Handels, z. B. die Arbeit in Warenlagern und dergl. Denn an der grundsätzlichen Einbeziehung des Handels unter den Begriff „Gewerbe" ist festzuhalten.

Dieser Begriff im Sinne des deutsch-ostafrikanischen Kolonialrechts umschließt somit den der Reichsgewerbeordnung, geht aber durch die Miterfassung der bergbaulichen Urproduktion über ihn hinaus. Am besten läßt er sich umschreiben als jede erlaubte, selbständige Erwerbstätigkeit mit Ausschluß der höheren[1]) Berufsarten.

Die bereits (S. 40) erwähnte Beschränkung der Geltung der Aw.V. auf die Anwerbung für „Betriebe" bedeutet ferner, daß alle im öffentlichen Interesse arbeitenden Unternehmungen, bei denen der Erwerbsgesichtspunkt zurücktritt, bezüglich der Werbung von Arbeitern nicht den Vorschriften der Aw.V. unterliegen; z. B. die Post, die amtlichen landwirtschaftlichen Versuchsstationen und dergl. Dasselbe gilt von der Werbung für den häuslichen Dienst, d. h. als Dienstboten oder landwirtschaftliche Arbeiter in Eigenwirtschaften, die ihre Produkte selbst verbrauchen, also nicht zum Erwerb durch Weiterveräußerung produzieren.

In der britischen Kolonie unterliegt die Anwerbung von Arbeitern durch Agenten schlechthin den gesetzlichen Regeln; alle Tätigkeit, die darauf gerichtet ist, „Eingeborene in ein Dienst- oder Arbeitsverhältnis zu bringen",[2]) ist Anwerbung. Es werden hier keine Unterschiede nach der Art oder dem Zweck der Unternehmung gemacht, in denen die Arbeit geleistet werden soll. Daher gelten die Vorschriften im Gegensatz zu der Ordnung in D.O.A. auch für Träger und häusliche Dienstboten[3]) und die Arbeiter in öffentlichen Betrieben, soweit sie nicht ausdrücklich ausgenommen sind.[4])

§ 2. Die Anwerbeerlaubnis.

a. Erwerb.

Die große Gefahr, die dadurch entstehen kann, daß ungeeignete Elemente mit den Eingeborenen die Beziehungen anknüpfen, die sie in Verbindung mit der europäischen Zivilisation bringen sollen — nämlich die Vermittlung von Arbeitsverträgen zwischen ihnen und den Weißen übernehmen —, und durch falsches oder rechtswidriges Benehmen Keime zur Unzufriedenheit säen, hat beide Regierungen veranlaßt, das Anwerbegeschäft erlaubnispflichtig und die Erteilung der Erlaubnis von Bedingungen abhängig zu machen.

In D.O.A. vertritt der Gesetzgeber den Standpunkt, daß vor

---

1) Vgl. Gew. St. V. 1907 § 5, Nr. 4.
2) Gv.R. s. 1.
3) M.S.O. s 2, 1.
4) „ „ „ „ 14.

allem der „Sachsengänger“ zu schützen ist, der aus entfernteren Gebieten zur Arbeit kommt, gegen Ausnützung seiner Unbekanntschaft mit den Verhältnissen in dem Arbeitsbezirk. Für Arbeiter, die diesem Bezirk entstammen, ist ein solcher besonderer Schutz im allgemeinen nicht für notwendig erachtet, daher ist die Beschaffung von Arbeitern für Unternehmungen innerhalb desselben Bezirkes dem gesetzlichen Erlaubniszwang nicht unterworfen. Für Pflanzungsbesitzer und -Leiter gilt diese Befreiung unbedingt,[1]) aber anderen Personen, also Angestellten von Pflanzungen und berufsmäßigen Anwerbern, kann die Beschaffung von den örtlichen Verwaltungsbehörden untersagt, oder nur unter Bedingungen gestattet werden.[2]) Solche Bedingungen haben die Bezirksämter Morogoro und Udjidji und Utete aufgestellt, indem sie die Arbeiterbeschaffung durch „andere Personen“ unter Erlaubniszwang stellten, die Erlaubnis von einer Sicherheitsleistung abhängig machten.[3]) Die Arbeiterbeschaffung durch Anwerber i. e. S. (d. h. nicht durch Pflanzungsbesitzer oder -Leiter), hat auf dem Wege über die Zentralstellen für Arbeiterbeschaffung des betreffenden Bezirks zu erfolgen, sofern solche Zentralstellen eingerichtet sind.[4])

In Br.O.A. wird die Anwerbung durch einen Unternehmer für den eigenen Betrieb durchweg von den gesetzlichen Vorschriften über die „labour agents“ nicht betroffen, einerlei ob sie im eigenen oder einem anderen Bezirk erfolgt.[5])

Wenn man den Zweck der Anwerbeordnungen als Schutz der Anzuwerbenden und Angeworbenen auffaßt und nach dem Prinzip forscht, das den Ausnahmen von den Erlaubnisvorschriften zugrunde liegt, so findet man es für Br.O.A. in der Annahme, daß der Werber für den eigenen Betrieb im e i g e n e n Interesse für die pflegliche Behandlung der Eingeborenen sorgen wird. In D.O.A. ist es der Gedanke, daß der „Ruf“ eines Unternehmers unter den E i n g e b o r e n e n des Bezirks genügend bekannt sein wird, so daß sie selbst beurteilen können, ob die Bedingungen ihnen zusagen oder nicht. Zahlenmäßig betrachtet, sind die Ausnahmen in der britischen Kolonie weitergehend als in der deutschen. Hierin liegt ein gewisser Ausgleich dafür, daß in D.O.A., wie wir oben sahen, für gewisse Arten von Arbeitern die Anwerbevorschriften grundsätzlich nicht zur Anwendung kommen.

In beiden Kolonien wird die Erlaubnis schriftlich erteilt (Anwerbeschein, permit); in D.O.A. vom Gouverneur, in Br.O.A. vom Provinzialkommissar der Provinz, in der die Anwerbung erfolgen

---

1) Vgl. Gouv.R. S. 12.
2) Aw.V. § 16,2 vgl. auch Gouv.R. S. 15 u. unten S. 45 Anm. 6.
3) Näheres siehe A.A. 1913, S. 166 u. 1914, S. 73 u. 129.
4) Aw.V. § 20 vgl. auch Gouv.R. S. 17.
5) M.S.O. s. 2,8.

soll.[1]) Der Antrag auf Ausstellung des Scheines, der die erforderlichen Angaben zu enthalten hat,[2]) ist in D.O.A. in beliebiger Form an den Gouverneur zu richten, der vor Entscheidung nach Möglichkeit die Bezirksräte oder wenigstens die Vorsteher der Anwerbebezirke und der Aufenthaltsbezirke des Antragstellers hören soll.[3]) Dadurch ist die Möglichkeit gegeben, über die Person und Eignung des Antragstellers Erkundigungen einzuziehen, auf Grund derer und der Erfahrung aus den ersten sechs Monaten seiner „Werbezeit“, die zunächst auf ein Jahr erteilte Erlaubnis, falls nicht in jenem ersten Halbjahr schon Gründe zur Zurückziehung eintreten, unbedenklich automatisch auf zwei weitere Jahre verlängert werden kann.[4]) Nach der Aw.V. von 1909 ging der Antrag an das Bezirksamt des Wohn- oder Aufenthaltsortes des Anwerbers, das über die Erteilung zu entscheiden hatte. Es konnte sie verweigern, wenn der Antragsteller die öffentliche Sicherheit zu gefährden geeignet schien, keine Sicherheit leistete, oder in den letzten zwei Jahren ein ihm erteilter Anwerbeschein zurückgezogen war.[5]) Diese Befugnis steht nach der neuen Aw.V. dem Gouverneur zu. Die örtliche Verwaltungsbehörde hat nur noch das Recht, die Ausübung der Anwerbung vorläufig zu untersagen, wenn die Gründe vorliegen, die den Gouverneur zur Entziehung des Anwerbescheins berechtigen.[6])

Im britischen Protektorat geht der Antrag an den Provinzialkommissar, er zieht keine Erkundigungen aus dritter Hand ein, verlangt aber in dem schriftlich einzureichenden Antrag[7]) auch Angaben darüber, ob und wann und wo schon früher im Protektorate Anträge auf Anwerbeerlaubnis gestellt seien und mit welchem Erfolg.[8]) Er entscheidet nach seinem Gutdünken; die Geltungsdauer der Erlaubnis darf jedoch nicht über ein Jahr betragen,[9]) und der einmal erteilte Schein gibt nach dem Ablauf dieser Frist durchaus keinen Anspruch auf Erneuerung,[10]) geschweige denn, daß die Geltungsdauer sich automatisch verlängert. Die Erlaubnis kann verweigert werden, wenn der Antragsteller schon einmal die Anwerbevorschriften übertreten hat.[11])

Der Anwerbeschein wird in D.O.A. kostenfrei in Br.O.A. gegen eine Gebühr von 5 Rp.[12]) ausgestellt. Außerdem hat der Anwerber

1) Aw.V. § 3 M.S.O. s. 23.
2) „ „ § 12, Gv.R. s. 2,1.
3) „ „ § 7.
4) „ „ § 8 Satz 1.
5) „ „ v. 1909 § 8 (L.G.G. I, S. 313).
6) „ „ § 14,2.
7) M.S.O. s. 34,1.
8) Gv.R. s. 2,1.
9) M.S.O. s. 35; Gv.R. s. 3,1.
10) Gv.R. s. 4.
11) M.S.O. s. 37.
12) Gv.R. s. 2,2.

Sicherheit für Erfüllung seiner und seiner Beauftragten Verpflichtungen zu leisten. In der deutschen Kolonie ist dies unerläßlich, in der britischen kann der Provinzialkommissar davon absehen.[1]) Im deutschen Schutzgebiet geschieht die Sicherheitsleistung in erster Linie durch Hinterlegung in bar, deren Höhe die örtliche Verwaltungsbehörde des Anwerbebezirkes bestimmt, doch darf sie nicht über 2 Rp.[2]) für jeden jährlich anzuwerbenden Arbeiter betragen; nur wenn Anwerber für eigene Betriebe werben (s. o. S. 42), darf die Sicherheit auf 5 Rp.[3]) steigen; bei einer geringeren Zahl von Arbeitern als hundert, darf sie auch in diesem Fall auf 2 Rp. festgesetzt werden. Sie ist stets auf der entsprechenden Höhe zu halten.[4]) Anstelle der Barhinterlegung kann auch jede andere Art von Sicherheitsleistung treten, die der Behörde die unbeschränkte Verfügungsmacht darüber verschafft, d. h.: Hingabe von Schecks, Sichtwechseln, Zahlungsanweisungen und Eigenwechseln sicherer Firmen, nicht aber die übrigen nach deutschem Reichsrecht zulässigen Formen der Sicherheitsleistung, insbesondere nicht die Stellung von Bürgen.[5])

Im britischen Schutzgebiet hat der Anwerber ein abstraktes, auflösend bedingtes Schuldversprechen zu geben[6]) über eine Summe, die ganz oder zum Teil verfällt, wenn der Erwerber die gesetzlichen Vorschriften nicht erfüllt.[7]) Die Verpflichtung geschieht durch „Urkunde unter Siegel".[8]) Die Höhe der Summe bestimmt der Provinzialkommissar mit der Maßgabe, daß die zur Bestreitung der nach den Vorschriften der M.S.O. und anderer einschlägiger Verordnungen einzugehenden Verpflichtungen ausreicht. (Z. B. die Gebühren für die Beurkundung von Arbeitsverträgen.)[9])

b. Inhalt.

Durch die Anwerbeerlaubnis wird der Berechtigte befugt, in den darin bezeichneten Gebieten Anwerbeverträge mit Eingeborenen abzuschließen und diese nach den Arbeitsorten zu bringen. Berechtigt ist nur der Antragsteller. Er soll keine Unteranwerber anstellen, ohne die Behörde davon unterrichtet zu haben. In D.O.A. unterliegt solche Anstellung ebenso der Genehmigung des Gouverneurs wie der Antrag des Werbers selbst, soweit es sich um nichteingeborene Unteranwerber handelt. Für die Anstellung eingeborener Unteranwerber genügt die Genehmigung der örtlichen Verwaltungsbehörde des An=

---

[1]) Aw.V. § 13,1 Satz 1, Gv.R. s. 2,2.
[2]) „ „ § 13,1 Satz 2.
[3]) „ „ § 13,2.
[4]) „ „ § 13,5.
[5]) „ „ § 13,3 u. Ausf. Best. zur Aw.V. v. 1909 Art 3,2 vgl. mit BGB. § 232 f. auch Gouv.R. S. 16.
[6]) M.S.O. s. 34; Gv.R. s 2,2.
[7]) Halsbury III, s 160.
[8]) „ III, „ 158.
[9]) M.S.O. s. 7 u. Notice v. 21. 4. 1910.

werbebezirks.[1]) Diese ist grundsätzlich zu erteilen. Die Zahl der Unteranwerber kann die örtliche Verwaltungsbehörde beschränken und von jedem die Führung eines amtlichen Ausweises fordern, wie dies z. B. das Bezirksamt Udjidji und Utete getan hat.[2])

In der britischen Kolonie hat der Werber vor Anstellung eines Unteranwerbers dem Provinzialkommissar diese seine Absicht und den Namen des betreffenden Unteranwerbers nur mitzuteilen; eine besondere Genehmigung wird hier nicht ausdrücklich gefordert.[3])

Hat ein Anwerber in D.O.A. einen Erlaubnisschein für einen bestimmten Bezirk erhalten, so ist auch allein er zur Werbung darin berechtigt,[4]) allerdings nur in diesem einen Bezirk. Mehr Bezirke als den, in dem der Betrieb liegt, kann der Gouverneur Besitzern bezw. Leitern von landwirtschaftlichen oder gewerblichen Betrieben zur Anwerbung zur Verfügung stellen, aber nur für eine begrenzte Zahl von Arbeitern für ihren eigenen Betrieb und auf eine bestimmte Zeit.[5]) An nichteingeborene Angestellte der Unternehmer wird solche Erlaubnis nur erteilt, wenn sie über ein Jahr in dem betreffenden Betrieb tätig sind.[6]) Mehrere Werber für denselben Bezirk werden nur unter besonderen Umständen vom Gouverneur zugelassen.[7])

In Br.O.A. ist keine solche Vorschrift zur Eindämmung der schädlichen Folgen des Kampfes der freien Konkurrenz um die Arbeitskraft des Negers getroffen. Im Gegenteil, dort hat kein Werber die Erlaubnis, in einem Gebiet seine Tätigkeit auszuüben, ausschließlich für sich[8]); auch ist er nicht auf einen Bezirk beschränkt, wohl aber auf die Provinz, in der sein Schein ausgestellt ist.[9])

In beiden Kolonien kann der Gouverneur die Anwerbung für einzelne Gebiete verbieten oder von weiteren besonderen Bedingungen abhängig machen. In Br.O.A. kann dies auch der Provinzialkommissar für Eingeborenen-Reservate oder „Außenbezirke" (d. h dem europäischen Verkehr nicht eröffnete Gebiete) verfügen.[10])

Sachlich beschränkt ist die Anwerbeerlaubnis in D.O.A. seit 1913 durch die Bestimmung, daß Frauen und Kinder nicht angeworben werden dürfen.[11]) Einen Anhaltspunkt dafür, wann ein Eingeborener

---

1) Aw.V. § 11.
2) Ausf. V. zur Aw.V. v. 5. 2. 1913 Art. 1 (A.A. v. 4. 4. 1914, S. 73) u. Ausf. V. zur A.V. v. 20. 4. 1914 Art. I (A.A., 1914, S. 128).
3) M.S.O. s. 36.
4) Aw.V. § 5.
5) „ „ § 10,1
6) „ „ § 10,2 vgl. auch oben S. 42 Anm. 2.
7) „ „ § 9.
8) Gv.R. s. 6.
9) M.S.O. s. 35.
10) Aw.V. 16,1; M.S.O. s 38,1; Gv.R. s 3,2.
11) „ „ 4,1.

als erwachsen anzusehen ist, gibt die Verordnung nicht. In den Beratungen des Entwurfs wurde dargelegt, die Abgrenzung des Kindesalters sei dem Entscheid der Verwaltungsbehörden im einzelnen Fall zu überlassen.[1]) Entsprechend dem Grundsatz, daß die Arbeiterbeschaffung im eigenen Bezirk frei ist, unterliegt die Annahme von Frauen und Kindern zur Arbeit innerhalb ihres Wohnbezirkes keinem Verbot. Die britische O. sieht entsprechende Schutzbestimmungen gegen die Überführung von Frauen und Kindern aus entfernteren Gebieten der Kolonie in die Arbeitsbezirke nicht vor. Nach Deutschostafrikanischem Recht steht es den angeworbenen Arbeitern frei, mit Genehmigung der Verwaltungsbehörde, die nur aus wichtigen Gründen versagt werden darf, ihre Frauen und Kinder an den Arbeitsort mitzunehmen. Bedingung ist dabei die Gewährleistung freier Rückbeförderung auch für die Angehörigen durch den Arbeitgeber.[2])

Der Anwerbeschein, der die Erlaubnis des Anwerbers dokumentiert, hat außer den Personalien folgenden Inhalt:

In D.O.A.[3])	In Br.O.A.[4])
Anwerbebezirk,	ev. Anwerbebezirk oder -Bezirke,
Anwerbegebühr,	
wenn Pflanzungsleiter für eigene Betriebe werben, außerdem:	jedenfalls:
Name des Betriebes,	Bezirk des Arbeitsplatzes,
Gültigkeitsdauer der Erlaubnis,	Gültigkeitsdauer der Erlaubnis,
Zahl der zu werbenden Arbeiter,	Art der zu werbenden Arbeiter,

Die Anwerbegebühr in dem deutschen Schein bedeutet nicht, daß für die Erlaubnis ein Geldbetrag zu zahlen ist, wie es in Br.O.A. verlangt wird,[5]) sondern sie bezeichnet die Grenze, bis zu der der Anwerber von seinen Auftraggebern Vergütung für seine Tätigkeit über die Erstattung der Auslagen für Transport und Verpflegung der Arbeiter hinaus verlangen kann.[6])

c. Erlöschen.

Die Anwerbeerlaubnis erlischt durch Verzicht seitens des Anwerbers, ausgedrückt durch Rückgabe des Erlaubnisscheins — in D.O.A. gegen Rückerlangung der Sicherheit, sofern nicht amtlicherseits dagegen Einspruch erhoben wird.[7]) In Br.O.A. ergibt sich aus der Form, in der die Sicherheit geleistet wird, daß die Verpflichtung

---

1) Gouv.R. S. 12.
2) Aw.V. § 4,2.
3) „ „ § 12,1.
4) M.S.O. s 33 Gv.R. 2,1 und Anhang zur M.S.O. (O.G. vom 1. 4. 1910, S. 140).
5) siehe oben Seite 43.
6) Aw.V. § 6.
7) „ „ § 13,6.

aus dem Schuldversprechen erlischt, wenn die Bedingung: Nichtübertretung gesetzlicher Vorschriften, erfüllt ist.[1]) Durch Zeitablauf erlischt sie nur in Br.O.A. (siehe oben Seite 43), während in D.O.A. Zeitablauf kein Erlöschungsgrund für die Anwerbeerlaubnis ist.[2])

Eine Beendigung der Erlaubnis durch Entziehung des Scheines kann grundsätzlich nur der Gouverneur verfügen als Strafe für widerrechtliche Handlungen, die in D.O.A. genau aufgeführt sind;[3]) hier kann die Entziehungen bei Gefahr im Verzuge vorläufig auch durch die örtlichen Verwaltungsbehörden verfügt werden, jedoch steht die letzte Entscheidung in jedem Fall dem Gouverneur zu.[4]) Es soll eben alle mögliche Sicherheit dafür geboten werden, daß ein derartig wichtiger Entscheid nicht nur durch die Eindrücke der lokalen Instanzen beeinflußt wird. Aus demselben Grunde kann auch in Br.O.A. der Provinzialkommissar die Erlaubnis nicht zurückziehen, obwohl er zur Ausstellung berechtigt ist.

§ 3. Die Verträge der Anwerber mit den eingeborenen Arbeitern.

a. Wesen und Inhalt.

Das eigentliche Wesen der rechtlichen Beziehungen zwischen Anwerber und Angeworbenen glaubt Claß[5]) als Beförderungsvertrag kennzeichnen zu sollen. Seine Auffassung stützt sich auf von Hoffmanns Ausführungen,[6]) die in der Anwerbung eine Arbeiterbeschaffung zum Zwecke der Überführung in einen anderen Bezirk aus dem Wohnbezirk des Angeworbenen sehen und auf diese „Überführung" den Hauptnachdruck legen. Ist aber wirklich die Beförderung zum Arbeitsorte der wesentliche Inhalt des zwischen den Parteien abgeschlossenen Vertrages? Claß sagt selber im weiteren Verlauf seiner Ausführungen:[7]) „Der Anwerber hat den Abschluß eines Arbeitsvertrages herbeizuführen, der Angeworbene hat die Arbeit an dem bestimmten Orte zu leisten." Ein solcher Vertragsinhalt geht aber schon über bloße Beförderung hinaus.

Bei der Untersuchung, ob und inwiefern diese Definitionen das Wesen des „Anwerbe"vertrages treffen, haben wir uns zunächst zu erinnern, daß dieser Vertrag zwar stets auf der einen Seite von dem eingeborenen Arbeiter geschlossen wird — eine Vertretung findet auf seiner Seite nicht statt —,[8]) auf der andern Seite aber kann entweder ein Anwerber, der für den eigenen Betrieb tätig ist, also der Arbeit-

---

1) Halsbury III, s 200,1.
2) Aw.V. § 8 Satz 1.
3) „ „ § 14,1. Bf.V. § 2. M.S.O. s. 39.
4) „ „ § 8 Satz 2.
5) Claß, S. 23.
6) v. Hoffmann Einführung, S. 139.
7) Claß, S. 24.
8) Aw.V. § 17,3 Gv.R. s. 7.

geber, oder ein Anwerber im engeren Sinne, der für einen anderen Arbeiter beschaffen will,[1]) stehen.

Inwiefern diese Verschiedenheit der Vertragsparteien auf der Seite des Anwerbers, deren Bedeutung wir schon oben für die Erteilung der Anwerbeerlaubnis dargestellt haben, einen Einfluß auf das Wesen der Rechtsbeziehungen zwischen Anwerbern und Angeworbenen ausübt, soll im Folgenden dargestellt werden.

Im ersten Falle, wenn der Anwerber für seinen eigenen Betrieb wirbt, unterscheidet sich der von ihm geschlossene Vertrag nicht von dem später zu behandelnden Arbeitsvertrag. Für Br.O.A. ist dies zweifelsfrei festgestellt dadurch, daß für den „Agenten", der für die eigene Unternehmung oder den eigenen Haushalt die Anwerbetätigkeit ausübt, die Vorschriften betreffend die „labour agents" nicht gelten.[2]) Der Anwerber ist in diesem Fall nicht „agent", sondern „employer",[3]) und seine Beziehungen zu dem angeworbenen Arbeiter sind durch die Bestimmungen über den Arbeitsvertrag geregelt. Es gelten also vom Abschluß des „Anwerbevertrages" an, insbesondere auch die Vorschriften über die Arbeiterfürsorge.[4]) In D.O.A. unterliegen zwar die Unternehmer, die selbst die Anwerbung für ihren Betrieb vornehmen, grundsätzlich auch den Vorschriften der Aw.V., werden doch die für sie abweichend von den für die Anwerber in engerem Sinne geltenden Bestimmungen jedes Mal gesondert aufgeführt (vgl. die §§ 10; 12,1; 13,2; 16,2 der Aw.V.). Doch ergeben sich durch die Identität von Arbeitgeber und Anwerber für das Wesen des Anwerbevertrages in diesem Falle Besonderheiten, die ihn von dem Kontrakt, den ein Anwerber für einen andern Unternehmer abschließt, unterscheiden. Nach § 5 der V. sind die Arbeitsbedingungen, die der Anwerber mit den Arbeitern nach Vorschrift der Aw.V. (§ 17) vereinbart, für den Arbeitgeber bindend, falls er nicht sofort nach Eintreffen der Arbeiter Widerspruch erhebt und die Einstellung der Arbeiter vor Beginn ihrer Tätigkeit verweigert. Sind nun Arbeitgeber und Anwerber dieselbe Person, so ist es klar, daß der Arbeitgeber an die bei der Anwerbung angegebenen Bedingungen sofort gebunden ist. Ein Widerrufsrecht bei Ankunft am Arbeitsplatz für ihn aus der Bestimmung zu konstruieren, daß nach dem Wortlaut der Aw.V. das Eintreffen am Arbeitsort den Zeitpunkt bezeichnen soll, an dem er sich über die Anstellung zu entscheiden hat, wäre widersinnig. Diese Bestimmung ist sinngemäß so auszulegen, daß der Zeitpunkt der Kenntnisnahme der Parteien einerseits von den Bedingungen, andererseits von der körperlichen usw. Beschaffenheit der

[1]) vgl. Mathies, S. 62.
[2]) M.S.O. s 2,7.
[3]) M.S.O. s 4 . . . „any person which has entered into a contract of service to employ any servant" . . .
[4]) vgl. unten S. 72 ff.

Arbeiter entscheidend sein soll. Diese beiden Voraussetzungen treffen aber im vorliegenden Fall schon bei Vollendung der Anwerbung zu. Der Eingeborene ist nach § 19 der Aw.V. mit Vollendung der Anwerbung zur Arbeitsleistung unter den ihm bekannten Bedingungen (§ 17 Aw.V.) verpflichtet. Somit ist in dem hier zunächst besprochenen Spezialfall, daß Arbeitgeber und Anwerber identisch sind, mit Vollendung der Anwerbung der Arbeitsvertrag endgültig zustandegekommen. Trotz Abweichungen in der theoretischen Begründung haben wir demnach in der Praxis in D.O.A. dieselbe Rechtslage wie in dem britischen Protektorat: Der „Anwerbe"vertrag ist bei Werbung für den eigenen Betrieb gleichbedeutend mit dem Arbeitsvertrag. Das von Claß als das Entscheidende angesehene Tatbestandsmerkmal der Beförderung tritt dabei ganz in den Hintergrund.

Wir kommen hierauf noch zurück, wollen aber zunächst das Wesen des von dem Anwerber geschlossenen Vertrages in dem zweiten von uns vorgesehenen Fall untersuchen: Wenn die Anwerbung für eine ander Person vorgenommen wird. Dieses ist der in der Praxis häufiger vorkommende Fall, wie denn auch der Zweck der Anwerbeordnungen, wie schon mehrfach betont, vor allem der Schutz der Eingeborenen gegen die Übergriffe der berufsmäßigen Anwerber ist, die durch kein geschäftliches Interesse zur pfleglichen Behandlung der Arbeiter bestimmt werden, da ja deren Arbeitskraft nicht ihnen, sondern anderen Personen unmittelbar zugute kommen soll. Jedoch die von Mathies[1]) ausgesprochene Ansicht, die Regelung der Anwerbung bezöge sich meist nur auf den Fall, daß der Unternehmer selbst oder seine Angestellten für ihren Betrieb werben, trifft für D.O.A. nicht zu; auch in Br.O.A. wird, wie wir schon betonten, gerade die Anwerbung durch „agents" und nur diese durch die besonderen Bestimmungen der M.S.O. geregelt. Mathies kennzeichnet a.a.O. die selbständige gewerbsmäßige Anwerbung als „Vermittlung von Arbeitsverträgen nach Art der Gesindevermieter". Es fragt sich jedoch, ob mit dieser, dem Mäklervertragsrecht des B.G.B. entnommenen Definition, das Wesen des Anwerbevertrages erschöpfend bezeichnet ist.

In D.O.A. ist das Verhältnis des Anwerbers zum Angeworbenen durch mehrere gesetzliche Bestimmungen so gestaltet, daß man ihn nicht mehr als bloßen Vermittler der Verträge ansehen kann. Er hat die wesentlichen Bedingungen, unter denen der Anzuwerbende die Arbeit zu leisten hat, diesem vor Vollendung der Anwerbung bekannt zu geben.[2]) Der Eingeborene hat sein Einverständnis mit diesen Bedingungen zu erklären. Damit ist der Anwerbevertrag geschlossen;

---

[1]) Mathies, S. 62.
[2]) Aw.V. § 17, 1 u. 3.

die Anwerbung ist vollendet,[1]) sobald der Eingeborene durch diese seine Erklärung die Arbeitsverpflichtung unter den ihm nunmehr bekannten Bedingungen eingegangen ist. Die frühere Aw.V. faßte diese Vorschrift vorsichtiger, indem sie die Verpflichtung nur als abgeschlossen „gelten" ließ. Durch die schärfere Fassung wird nunmehr bekundet, daß hier tatsächlich mehr als eine bloße Vertragsvermittlung, nämlich ein Vertragsabschluß, stattfindet, und somit der Rahmen des Mäklervertragsrechts überschritten ist.[2]) Daß diese Auffassung schon der Aw.V. von 1909 zugrunde gelegen hat, geht aus Ziffer 3 des Rechenbergschen Runderlasses vom 1. 4. 09[3]) hervor, wo ausdrücklich betont wird, daß es des Abschlusses eines Dienstvertrages mit der Betriebsleitung am Arbeitsort nicht mehr bedarf, wenn die Arbeitsverpflichtung in der geschilderten Art und Weise zustande gekommen ist. Die von dem Anwerber den Eingeborenen gemachten Bedingungen binden den Arbeitgeber gegenüber den Angeworbenen, wenn er nicht sofort nach ihrem Eintreffen Widerspruch erhebt und die Einstellung vor Beginn ihrer Tätigkeit verweigert.[4]) Da der Anwerber solche Bedingungen nach § 17 der Aw.V. mit den Arbeitern abmachen muß, so hat er eben in jedem Falle dem Arbeitgeber gegenüber die Stellung eines Vertreters ohne Vertretungsmacht,[5]) sofern er nicht durch Bevollmächtigung vom Arbeitgeber sogar auch die Vertretungsmacht erlangt hat. Die ist gegenüber der von Claß[6]) gegebenen Darstellung, als brauche er solche Vereinbarungen nicht zu treffen und dementsprechend nicht notwendig in das quasi-Vertretungsverhältnis zum Arbeitgeber zu treten, festzuhalten. Der Vertrag befindet sich bis zur Erklärung des Arbeitgebers in einem Schwebezustand, analog dem im deutschen bürgerlichen Recht,[5]) bevor die Genehmigung erklärt ist. Im Unterschied vom Reichsrecht ist die andere Partei — der Eingeborene — jedoch an den Vertrag gebunden;[7]) einen Nachteil hat sie aus dieser Kürzung ihrer Rechte jedoch nicht, da ja dem Vertretenen auch nicht die Frist des B.G.B. § 177,2 für die Erklärung seiner Genehmigung gegeben ist, er sich vielmehr sofort entscheiden muß. Durch die Erklärung der Genehmigung tritt die Wirkung des Vertrages für und gegen den Arbeitgeber ein.

Der deutsch-ostafrikanische Anwerbevertrag bei Werbung für andere zeigt sich demnach in seinem wesentlichen Inhalt auch als — gewöhnlich allerdings ohne Vertretungsmacht geschlossener — Ar-

---

1) Aw.V. § 19.
2) Vergl. Staudinger II, S. 226.
3) L.G.G. II, S. 297.
4) A.V. § 5.
5) Vergl. B.G.B. § 177.
6) Claß, S. 30.
7) Aw.V. § 19 ctra. B.G.B. § 178.

beitsvertrag. Der von Claß und Wick[1]) vertretenen Ansicht, der Anwerber schließe nicht den Arbeitsvertrag direkt, können wir nach obigen Darlegungen nicht zustimmen; auch die Mathies'sche Definition des Anwerbevertrages als Vermittlungsvertrag müssen wir ablehnen.

In Br.O.A. wird der Anwerber als „agent" bezeichnet.[2]) Sofern es sich um einen Agenten bestimmter Arbeitgeber handelt, ist sein Verhältnis zu den Eingeborenen durch die Bestimmung festgelegt, daß er ihnen gegenüber als Arbeitgeber gilt;[3]) er hat also in diesem Fall die Stellung einer Partei in dem Arbeitsvertrag:[4]) folglich muß er dessen Bedingungen bekanntgeben. Sobald also der Agent in Br.O.A. seine Tätigkeit offenkundig für einen bestimmten Arbeitgeber betreibt, hat er dieselbe rechtliche Stellung wie der Anwerber in D.O.A. Für das innere Verhältnis zwischen Arbeitgeber und Anwerber gilt in Br.O.A. die Vorschrift, daß der Arbeitgeber ihm Vollmacht zum Abschluß von Arbeitsverträgen geben soll.[5]) Tut er das nicht, oder handelt der Anwerber, ohne daß der Arbeitgeber von seinem Tun weiß, so ist der Vertreter ohne Vertretungsmacht. Da in Br.O.A. grundsätzlich anglo-indisches Recht gilt, soweit es auf die dortigen Verhältnisse anwendbar ist,[6]) so tritt für diese vertragsrechtliche Frage die Vorschrift der Indian Contract Act von 1877 in Kraft, nach der ein Geschäftsherr Handlungen, die eine Person in seinem Namen, aber ohne sein Wissen oder Vollmacht vornimmt, genehmigen oder ablehnen kann.[7]) Wir finden also auch hier die gleiche Rechtslage wie in D.O.A.

Es ist jedoch hervorzuheben, daß in der britischen Kolonie die Stellung des Anwerbers, trotz der Bezeichnung „agent",[8]) nicht in jedem Falle notwendig die eines Vertreters des Arbeitgebers ist, wie in D.O.A. Vielmehr wird in der Erklärung zu der Bezeichnung „labour-agent" betont, daß der Agent auch „im eigenen Namen" anwerben dürfe.[9]) Da es ferner in Br.O.A. auch nicht zwingend vorgeschrieben ist, daß Anwerbung nur für bestimmte Betriebe geschehen darf,[10]) so ist dort die Möglichkeit gegeben, daß der Anwerber gänzlich ohne Beziehung auf das von dem Angeworbenen einzugehende Arbeitsverhältnis seine Tätigkeit betreibt: Hierin liegt eine unbestreitbare Rückständigkeit — im sozialpolitischen Sinne — der britischen Gesetz-

1) Claß, S. 24; Wick, S. 27.
2) M.S.O. s. 2,8 Gv.R. s. 2.
3) „ „ „ „ 4.
4) „ „ „ „ 2,6.
5) Gv.R. s. 5.
6) E.A.O.i.C. 1902 s. 15 Ziffer 2 (Lois Organ. S. 640).
7) I.C.A. s. 196.
8) vgl. I.C.A. s. 182.
9) M.S.O. s. 2,8 . . . „in his own name" . . .
10) Gv.R. s. 2,1a . . . „if known" . . .

gebung gegenüber der deutschen. In D.O.A. wird dadurch, daß der Anwerber sofort den Arbeitsvertrag schließt, der Übung entgegengewirkt, die angeworbenen Arbeiter an den meistbietenden Unternehmer abzutreten,[1]) während in Br.O.A. dieser Übelstand von keiner Gesetzesvorschrift bekämpft wird.

Je nachdem nun der britisch-ostafrikanische Anwerber von der ihm gelassenen Freiheit Gebrauch macht, gibt es für die Gestaltung des Anwerbevertrages in dieser Kolonie zwei Möglichkeiten: I. Der Anwerber betreibt seine Tätigkeit ohne irgendwelche Beziehung auf das später von den Angeworbenen einzugehende Arbeitsverhältnis — dann schließt er mit ihnen nur einen Vermittlungsvertrag; er hat dann nur dafür zu sorgen, daß ein solches Verhältnis zustande kommen kann; d. h. er muß die Eingeborenen an einen Ort bringen, wo sie einen Arbeitsvertrag schließen können, und ihnen die Möglichkeit geben, mit einem Arbeitgeber zu diesem Zweck in Verbindung zu treten

II. Die Anwerbung geschieht für einen bestimmten Betrieb, also unter gleichzeitiger Bekanntgabe der Bedingungen des einzugehenden Arbeitsvertrages — dann schließt der Anwerber zugleich den Arbeitsvertrag, entweder mit oder ohne Vertretungsmacht; nur in diesem Falle ist der Anwerber tatsächlich „agent"-Stellvertreter des Arbeitgebers.

Die bei dem Anwerbegeschäfte von den Parteien — event. stillschweigend — getroffenen Abmachungen über die Beförderung kommen bei jeder Art der von Anwerbern geschlossenen Verträge für die Beurteilung ihres Wesenskernes, wie schon (S. 49) betont, nicht in Betracht. Die aus diesen Abmachungen entspringenden Verpflichtungen bilden untergeordnete Tatbestandsmerkmale des Grundvertrages, der seinem Wesen nach entweder als Arbeitsvertrag, oder als Vermittlungsvertrag anzusehen ist. Insofern als die Unterverpflichtungen nicht in das Idealbild dieser genannten Vertragstypen passen, könnte man versucht sein, hier sogenannte „gemischte Verträge" anzunehmen. Wenn man jedoch mit Eneccerus[2]) unter „gemischten Verträgen" nur solche versteht, deren einzelne Tatbestandsmerkmale endweder zum Teil verschiedenen Vertragstypen angehören, oder alle zusammen dem einen oder dem anderen Typ zugeteilt werden können, so muß man den hier zur Behandlung stehenden Fall davon ausnehmen. Denn hier handelt es sich weder um eine solche ideale Konkurrenz „der Gesamtheit der Tatbestandsmerkmale", noch kann man reale Konkurrenz annehmen; denn die einzelnen Tatbestände lassen sich nicht reinlich scheiden in solche, die dem

[1]) Denkschrift D.O.A. 1910/11, S. 16.
[2]) Enneccerus, S. 285.

Arbeits- bezw. Vermittelungsvertrag angehören und in solche, die einen selbständigen Beförderungsvertrag bilden. Es liegt vielmehr ein Beispiel jener „typischen Verträge mit untergeordneten Leistungen fremder Vertragstypen" vor, die Enneccerus[1]) nicht mit unter die „gemischten Verträge" rechnet. Die untergeordnete Leistung beruht auf event. stillschweigender Vereinbarung, die aber im Rahmen des Grundvertrages nach seinem wirtschaftlichen Zweck keine selbständige Daseinsberechtigung und -Möglichkeit hat. Die Beförderung soll ja nur der Verwirklichung der Hauptverpflichtung dienen, nämlich: bei bereits eingegangenem Arbeitsvertrag es dem Angeworbenen ermöglichen, die übernommene Arbeitsverpflichtung an dem vertraglich festgesetzten Ort zu erfüllen; beim Vermittlungsvertrag soll sie ihn in den Stand setzen, einen Arbeitsvertrag an geeignetem Ort abzuschließen.

Für den Anwerber bestehen einige gesetzliche Vorschriften über die Art, wie er diese auf die Beförderung bezüglichen Verpflichtungen auszuführen hat. Nach der Rechtsatzung beider Schutzgebiete hat der Anwerber auf seine Kosten den Eingeborenen an den Arbeitsort zu bringen, und zwar auch unter Gewährung von Verpflegung für die Reisezeit.[2]) In D.O.A. hat die Beförderung möglichst mit der Eisenbahn zu erfolgen,[3]) während im britischen Nachbargebiet mangels entsprechender Vorschriften der Anwerber die ihm zusagende Art der Beförderung wählen kann. Ebenso ist die entsprechende Pflicht des Angeworbenen, sich an den vertraglich oder einseitig von dem Anwerber bestimmten Ort zu begeben, nur im Zusammenhang mit dem Grundtypus des mit dem Anwerber geschlossenen Vertrages zu beurteilen. Sie dient dem Hauptzweck des Vertrages bei dem nur in Br.O.A. vorkommenden Vermittlungsvertrag, genau so, wie die Verpflichtung, ein Arbeitsverhältnis einzugehen, das der Anwerber ihm zugänglich macht. In den übrigen Fällen ist sie, ebenso wie das Versprechen, die Arbeit in dem durch den Vertrag bezeichneten Betrieb aufzunehmen, ein Mittel, um das Arbeitsverhältnis zustande zu bringen.

Das Ergebnis obiger Ausführungen ist, daß es einen einheitlichen Typ „Anwerbevertrag" in Ostafrika nicht gibt. Unter diesem werden zwei ganz verschiedene Arten von Verträgen — Arbeitsvertrag und Vermittlungsvertrag — rein äußerlich zusammengefaßt, weil ein Anwerber sie abschließen kann; im Einzelfalle kann er aber nur in der einen oder anderen Art kontrahieren, die beiden Arten erscheinen durchaus selbständig.

---

1) Enneccerus, S. 288.
2) Aw.V. § 21. Gv.R. s. 5,3.
3) Bf.V. § 1 vgl. auch Rd. Erl. vom 17. 8. 1911 (L.G.G. II, S. 600)

b. Haftung aus den zwischen Anwerber und Angeworbenen geschlossenen Verträgen.

Da es sich um verschiedene Vertragstypen handelt, ist auch die Haftung der Parteien aus ihnen verschieden. Einen Vermittlungsvertrag kann der Werber nur im britischen Protektorat schließen. Da die Anwerber hierbei trotz ihrer Bezeichnung nicht als „agents" im e. S. aufzufassen sind, so gelten für den Vermittlungsvertrag, den sie schließen, nur die allgemeinen Bestimmungen des anglo-indischen Rechtes.[1]) Grundsätzlich hat die Partei, die eine von ihr eingegangene Vertragsverpflichtung verletzt, der anderen Partei den Schaden zu ersetzen, der ihr dadurch „im natürlichen Verlauf der Dinge" entsteht, oder „von dem die Parteien bei Abschluß des Vertrages wußten, daß er aus einem Vertragsbruch entstehen könne".[2]) Die praktische Durchführung dieses Grundsatzes wird, soweit der Vertragsbruch von dem Angeworbenen ausgeht, durch dessen Unfähigkeit zu pekuniären Leistungen beeinträchtigt werden. Der Anwerber hat dem Angeworbenen gegebenenfalls den Schaden zu ersetzen, der daraus entsteht, daß er ihn nicht an den Ort bringt, an dem er den Arbeitsvertrag schließen kann, bezw. die Verbindung mit einem Arbeitgeber nicht herstellt; d. h. er haftet für freie Rückbeförderung an den Anwerbeort und Ersatz des entgangenen Verdienstes. Da diese Ersatzforderungen von so vielen Momenten abhängen, deren Kenntnis dem Eingeborenen nicht immer zustehen wird, z. B. Lohnverhältnisse in den verschiedenen Bezirken, so ist es klar, daß in der praktischen Durchführung der Grundsatz vom Schadenersatz auch gegenüber dem Anwerber auf große Schwierigkeiten stößt.

Das einzige Mittel für einen Anwerber in Br.O.A., sich gegen Kontraktbruch von Angeworbenen zu sichern, ist der direkte Abschluß eines Arbeitsvertrages mit ihnen; denn dann tritt die Vorschrift in Geltung, die den Kontraktbruch mit Strafe bedroht (siehe unten Seite 78). Auf diese Weise wird wenigstens indirekt ein Druck auf die Anwerber ausgeübt, für bestimmte Arbeitgeber zu werben und vor Abschluß des Anwerbevertrages die Arbeitsbedingungen bekannt zu geben. Auf der andern Seite wird durch den Abschluß des Arbeitsvertrages auch die rechtliche Stellung der Angeworbenen gegenüber dem Anwerber viel stärker, da ihnen dann ja die Unterlagen bekannt sind, die für ihre event. Ersatzansprüche in Betracht kommen.

Wenn unmittelbar ein Arbeitsvertrag geschlossen ist, so richtet sich die Haftung der Anwerber bezw. der Arbeitgeber zunächst nach den Regeln über die Haftpflicht der Vertreter. Handeln die Anwerber mit Vertretungsmacht, so haftet sofort der Arbeitgeber;[3])

---

[1]) siehe oben S. 51 Anm. 6.
[2]) I.C.A. s. 37.
[3]) B.G.B. § 164 I.C.A. s. 226.

dieser haftet auch, sobald er den ohne Vertretungsmacht geschlossenen Vertrag genehmigt.[1]) Der geschädigte Vertragsgegner kann vom Vertrag zurücktreten oder Ersatz des ihm durch die Nichterfüllung entstandenen Schadens fordern.[2]) Neben dieser Haftung besteht aber kraft besonderer Rechtssatzung noch eine weitere Haftung des Anwerbenden als Folge der sozialpolitischen Tendenz der Anwerbe=Verordnungen: Schutz der Eingeborenen vor Ausbeutung durch die Anwerber. Diese haften ohne Rücksicht darauf, daß der Vertretene durch seine Genehmigung in den Vertrag eingetreten ist, bezw. von Anfang an selbst Partei ist, mit der bei Erlangung der Anwerbeerlaubnis geleisteten Sicherheit (siehe oben Seite 44) ohne Rücksicht auf Verschulden für gewisse Schäden, die dem Angeworbenen aus Vertragsverletzungen entstehen.

In D.O.A. ist der Umfang dieser Haftpflicht fest umrissen; wichtig ist vor allem, daß sie sich außer auf die Erfüllung der Verpflegungspflicht auf der Reise zum Arbeitsort und die Transportkosten einer ev. Eisenbahnbeförderung[3]) auch auf die Innehaltung der einzelnen Bedingungen des Arbeitsvertrages erstreckt, den der Werber mit dem Eingeborenen geschlossen hat.[4]) Letzterer hat also im Falle der Nichterfüllung dieser Bedingungen zwei Schuldner, an die er sich halten kann. In Br.O.A. haftet die Sicherheit des Anwerbers ganz allgemein für die Beachtung der in den Verordnungen usw. erlassenen Vorschriften,[5]) z. B. ebenfalls der Verpflegungspflicht oder der Bestimmung, daß die Vertragsdauer eine gewisse Zeit nicht überschreiten darf. Sie bezieht sich also nicht auf die besonderen im einzelnen Falle vereinbarten Vertragsbedingungen, z. B. die Dauer des gerade vorliegenden Kontraktes.

Wird ein vom Anwerber ohne Vertretungsvollmacht geschlossener Arbeitsvertrag nicht genehmigt, so wird die Haftung nicht mehr durch die eben dargelegten Vorschriften, die den Anwerbenden als solchen betreffen, beschränkt, sondern sie richtet sich nach den allgemeinen Grundsätzen, die sich auf den Anwerber in seiner Eigenschaft als vollmachtlosen Vertreter des Arbeitgebers beziehen. Der Anwerber muß dem Angeworbenen, da er ja selbst den Vertrag nicht erfüllen kann, den aus der Nichterfüllung entstandenen Schaden ersetzen.[6])

In obiger Darstellung ist schon darauf hingewiesen worden, daß eine zivilrechtliche Haftbarmachung der Eingeborenen bei ihrer gewöhnlichen Mittellosigkeit im allgemeinen ohne praktischen Erfolg bleiben wird. Um nun ihnen aus dem Bruch des Anwerbevertrages

---

1) B.G.B. § 179,1 arg. e contr. I.C.A. s. 196,2 vbd. mit s. 226.
2) " " " § 325; I.C.A. s. 73 u. 39.
3) Bf. V. § 2.
4) Aw.V. § 13,4 vbdn. m. § 17.
5) Gv.R. s. 2,2.
6) B.G.B. § 179 vbdn. m. § 249; I.C.A. s. 230,2 Z. 3 vbdn. m. s. 73.

jedenfalls einen rechtlichen Nachteil erwachsen zu lassen, ist er in beiden Kolonien mit Strafe bedroht. Für D.O.A. gilt § 2 der V. betr. die Bestrafung von Eingeborenen wegen Kontraktbruches, der unter Bezugnahme auf § 21 der Aw.V. von 1909 für „das Unternehmen, sich der eingegangenen Arbeitsverpflichtung zu entziehen", Freiheitsstrafe, körperliche Züchtigung oder beides androht. Claß[1]) will in der Unterscheidung des Kontraktbruches gegenüber dem Anwerber „vor Abschluß des Arbeitsvertrages" von dem „nach Beginn der Arbeit beim Arbeitgeber begangenen" einen Unterschied zwischen den „beiden" Verträgen ersehen. Der entscheidende § 21 der Aw.V. von 1909 besagt aber durchaus nicht, daß die Arbeitsverpflichtung nicht schon gegenüber dem Arbeitgeber eingegangen ist. Das würde ja auch dem Sinne der übrigen auch damals schon geltenden Bestimmungen widersprechen. Die Bedeutung der Vorschrift liegt vielmehr darin, daß auch dem Anwerber, und zwar schon bei Vorbereitung der Entziehung,[2]) das Recht gegeben wird, die Bestrafung zu beantragen; denn er hat ein Interesse daran, daß die von ihm geworbenen Arbeiter pünktlich ihren Verpflichtungen nachkommen. In Br.O.A. ist die Strafe verwirkt, wenn der Verpflichtete, der einen Arbeitsvertrag geschlossen hat, die Arbeit nicht zur festgesetzten Zeit aufnimmt.[3]) Auch hier bedarf es eines Antrages des Arbeitgebers, der ja auch der Anwerber sein kann.

c. Haftung für Schaden aus der Anwerbetätigkeit.

Eine besondere Regelung ist in D.O.A. auch für die Haftung wegen Schadenszufügungen gelegentlich des Anwerbegeschäfts getroffen, die gegenüber den reichsrechtlichen Normen[4]) eine Verschärfung darstellt; dagegen gelten in Br.O.A. die Grundsätze des englischen Rechtes, da eine Regelung weder durch Verordnung erfolgt ist, noch auch das subsidiär heranzuziehende anglo-indische Recht hierüber Normen enthält. In D.O.A. haftet der Arbeitgeber nach § 831 B.G.B., hat also die Berechtigung, den Exculpationsbeweis anzutreten. In Br.O.A. hat der Arbeitgeber für Ersatz des Schadens einzustehen, den ein Agent zufügt, soweit er ihn dazu ermächtigt hat, und zwar braucht sich die Ermächtigung nicht unmittelbar auf die betreffende schädigende Handlung ausdrücklich zu beziehen. Es genügt, wenn diese Handlung im Rahmen der erteilten Vollmacht liegt.[5]) Diese „Ermächtigung" zieht ohne Zweifel den Kreis der vom Arbeitgeber zu vertretenden Handlungen des Anwerbers etwas enger, als die deutsche „Bestellung zu einer Verrichtung". Dafür hat der

[1]) Claß, S. 25.
[2]) Vgl. v. Liszt, S. 209.
[3]) M.S.O. s. 47,1.
[4]) B.G.B. §§ 276, 278, 831.
[5]) Halsbury XXVII, s. 946.

Arbeitgeber nach englischem Recht auch nicht die Rechtswohltat des Exculpationsbeweises.

Viel schärfer ist in D.O.A. die Anwerberhaftung für Ersatz des Schadens, den er oder seine Erfüllungsgehilfen während des Anwerbegeschäftes widerrechtlich verursachen.[1]) Es braucht kein innerer Zusammenhang zwischen der schädlichen Handlung und dem Anwerbegeschäft zu bestehen, es genügt das rein zeitliche Moment des Eintritts der Schädigung durch die genannten Personen während der Dauer des ganzen Komplexes der zur Anwerbung gehörigen Handlungen (z. B. Reisen, auch wenn sie nicht unmittelbar dem Abschluß von Anwerbeverträgen dienen). Richtig schließt Claß[2]) den durch Handlungen der Angeworbenen entstandenen Schaden von der Haftung des Anwerbers aus, vorbehaltlich der Haftung für ein event. Mitverschulden seinerseits. Eine Verschärfung gegenüber dem B.G.B. ist auch der Ausschluß des Exculpationsbeweises bei Schadenshaftung für Unteranwerber. Die Schadenshaftung ist gesichert durch die von dem Anwerber bei Erlangung der Erlaubnis zu hinterlegende Sicherheit.[3]) In Br.O.A. haftet der Agent für alle schädlichen Handlungen, soweit er sie nicht kraft ausdrücklicher Vollmacht des Arbeitgebers vornimmt.[4]) Für Hülfspersonen haftet er so, wie ein Arbeitgeber für den Anwerber haftet (siehe oben Seite 56). Eine besondere Haftung des Anwerbers für den gelegentlich der Anwerbung verursachten Schaden, die etwa noch durch besondere Sicherheiten gedeckt wäre, kennt das in Br.O.A. geltende Recht nicht.

Bei Regelung der Haftpflicht aus dem Anwerbevertrage wie auch aus Schadenszufügungen gelegentlich des Anwerbegeschäftes zeigt sich wiederum, wie das soziale Schutzprinzip in der deutsch-ostafrikanischen Gesetzgebung schärfer durchgeführt ist, als in den für die britische Nachbarkolonie geltenden Normen.

§ 4. Überwachung der Anwerbung.

Wir haben oben bei Besprechung der Anwerbeerlaubnis gesehen, daß in beiden Kolonien Maßnahmen getroffen sind zur Ausscheidung ungeeigneter Persönlichkeiten vom Anwerbegeschäft. Diese Maßnahmen werden ergänzt durch eine Reihe von Vorschriften, durch die die Tätigkeit der zugelassenen Anwerber daraufhin überwacht wird, ob sie den gesetzlichen Vorschriften entsprechen.

a. Meldepflicht.

Zu diesem Zwecke ist den Anwerbern eine strikte Meldepflicht auferlegt. In D.O.A. haben sie vor Beginn der Anwerbung der örtlichen Verwaltungsbehörde des Anwerbebezirkes ihren Anwerbeschein

---

1) Aw.V. § 13,3.
2) Claß, S. 30.
3) Aw.V. § 13,5.
4) Halsbury XXVII, s. 928.

„zur Einsichtnahme, Registrierung und Aufnahme eines entsprechenden Vermerks auf dem Schein vorzulegen.[1]) In Br.O.A. brauchen sie nur dem zuständigen Bezirkskommissar ihre Ankunft und die Örtlichkeiten, wo sie zu werben beabsichtigen, mitzuteilen. Den Anwerbeschein brauchen sie dabei nur auf Verlangen vorzulegen.[2]) In der britischen Kolonie besteht auch keine Abmeldepflicht des Anwerbers, wie sie in D.O.A. durch genaue Vorschriften geregelt ist. Hier hat der Anwerber selbst oder durch Unteranwerber auf der nächsten, ihm von seinem Anwerbeort erreichbaren Regierungsstation die angeworbenen Arbeiter vorzuführen unter gleichzeitiger Vorlegung einer dreifach ausgefertigten, von ihm unterschriebenen Liste, aus der die Personalangaben der Angeworbenen (auf Grund der Steuerquittung) und die Bedingungen des Arbeitsvertrages, ferner die Namen der Frauen und Kinder, die mitgenommen werden sollen, zu ersehen sind.[3]) Die überwachende Regierungsstelle stellt fest, ob alle Arbeiter mit den Bedingungen einverstanden sind und sondert alle nicht einverstandenen sowie kranken und schwächlichen Personen aus. Bei den übrigen vermerkt sie die Erklärung des Einverständnisses in jede der drei Listen[4]) und gibt dem Anwerber eine davon zurück. Die übrigen werden der Verwaltungsbehörde, bezw. wo ein solcher vorhanden, dem Distriktskommissar des Arbeitsbezirkes und des Anwerbebezirkes zugestellt.[5]) Bei allen Streitigkeiten zwischen Anwerbern und Angeworbenen ist dadurch eine authentische Feststellung des Inhalts der abgeschlossenen Verträge möglich. In Br.O.A. fehlt diese Möglichkeit bei den Anwerbern, die nicht für einen bestimmten Betrieb tätig sind, und auch bei Anwerbungen im Zusammenhang mit einem solchen Unternehmen besteht die Kontrollmöglichkeit nur, wenn Arbeiter für längere Zeit als einen Monat angeworben werden. Denn nur in diesem Falle muß ein schriftlicher Vertrag geschlossen werden. Abschluß vor der Behörde ist auch dann nicht unbedingt erforderlich (vgl. unten Seite 62).

b. Regelung des Vorschusswesens.

Eine weitere Schwäche der britischen Anwerbeüberwachung ist das gänzliche Fehlen einer Regelung der beim Anwerben sehr häufigen Vorschußgewährung. Der „East African Standard“ vom 24. 10. 1908 hat zwar bei Gelegenheit von Änderungsvorschlägen zur M.S.O. von 1906 über das Vorschußwesen ausgesprochen, daß es die Wurzel des ganzen Desertionsübels sei; er empfahl aber nur indirekte Mittel zur Bekämpfung: nämlich den Ausschluß der Klagbarkeit von Ansprüchen auf Rückzahlung solcher Vorschüsse an den

[1]) Aw.V. § 15.
[2]) M.S.O. s. 38 Ziffer 4 vbdn. m. Gv.R. s. 5,2.
[3]) Aw.V. § 17, 1 u. 2.
[4]) „ „ § 17, 3 u. 4.
[5]) „ „ § 18.

Arbeitgeber bei Kontraktbruch des Arbeiters. Es sei unmöglich, das Vorschußsystem als solches unter Strafe zu stellen. Die D.O.A.-Gesetzgebung hat hier schärfer eingegriffen. Einmal gewiß aus dem Grunde, den auch die genannte Zeitung anführt: weil durch die Zahlung von Vorschüssen die Versuchung, mit dem erhaltenen Gelde das Weite zu suchen, für den Eingeborenen besonders groß wird. Die Frage hat aber auch eine andere Seite: Durch das Vorschußsystem können Arbeitgeber und Anwerber die Eingeborenen sich derartig verschulden, daß von einer Vertragsfreiheit auf Seiten der Arbeiter kaum mehr die Rede sein kann, da sie gezwungen sind, sich dauernd als Arbeiter zu verdingen, um ihre Vorschußschulden abzahlen zu können.[1]) Dieser Gefahr ist der Gesetzgeber durch tiefgreifende Bestimmungen entgegengetreten, vor denen man in der britischen Kolonie — nicht zum Wohle der Eingeborenen — zurückschreckte. Er hat es der örtlichen Verwaltungsbehörde anheimgestellt, eine Grenze zu bestimmen, bis zu der bei der Anwerbung und Beschaffung von Arbeitern Vorschuß in bar oder in Waren gewährt werden darf.[2]) Von dieser Befugnis haben die Behörden der für die Anwerbung wichtigsten Bezirke auch Gebrauch gemacht; z. B. Tabora: 8 Rp.[3]), Bagamoyo: 5 Rp.[4]), Kondoa-Irangi: 5 Rp.[5]), Langenburg: 10 Rp.[6]), Udjidji: 4 Rp.[7]), Iringa: 8 Rp.[8]), Utete: 6 Rp.[9]), Ssongea: 6 Rp.[10]). In zwei Bezirken darf diese Grenze überschritten werden: in der Kondoa-Irangi um den Betrag der evt. verauslagten Hüttensteuer, in Udjidji um den Betrag der öffentlichen Abgabe, den der Anwerber für den Angeworbenen auslegen will. Entsprechend der Beschränkung der Vorschüsse an die Arbeiter ist auch der Betrag begrenzt, bis zu dem die Anwerber ihrerseits Vorschüsse von den Arbeitgebern verlangen dürfen.

c. Strafvorschriften.

Besondere Strafbestimmungen gelten in D.O.A. Hier ist die Anwerbung ohne Erlaubnisschein, die Anwerbung von Frauen und Kindern und das Vergehen gegen die Vorschriften, die die Erhebung von Anwerbegebühren und Auslagenerstattung betreffen, mit Gefängnis bis zu drei Mnoaten oder Geldstrafe von höchstens 5000 Rp., oder beiden bedroht. Sämtliche andere Zuwiderhandlungen werden mit derselben Gefängnis-, aber geringerer Geldstrafe bedroht, also vor allem auch die Unterlassung der Bekanntgabe der Bedingungen

---

[1]) vgl. auch Gouv.R. S. 14/15, 22 u. unten S. 71.
[2]) Aw.V. § 16,3.
[3]) Ausf.V. zur Aw.V. § 1 (A.A. vom 26. 11. 1913.)
[4]) " " " " " § 1 („ „ „ 10. 1. 1914.)
[5]) " " " " " § 1,1 (A.A. vom 21. 1. 1914.)
[6]) " " " " " § 1 (A.A. vom 25. 3. 1914.)
[7]) " " " " " Art. III (A.A. vom 4. 4. 1914.)
[8]) " " " " " " I („ „ „ 8. 4. 1914.)
[9]) " " " " " " III („ „ „ 10. 6. 1914.)
[10]) " " " " " § 1 (A.A. vom 25. 2. 1914.)

des Arbeitsvertrages nach § 17 der Aw.V.[1]) Für die Zahlung der Strafen haftet auch die vom Anwerber hinterlegte Sicherheit.[2]) Nach britisch-ostafrikanischem Recht wird die Anwerbung ohne Erlaubnis oder mit unrechtmäßig erworbener Erlaubnis nicht anders bestraft, als ein Vergehen gegen einen sonstigen Rechtssatz, der für „labour-agents" gilt: bis 1500 Rp. Geldstrafe, im Nichtzahlungsfalle Gefängnis, evt. mit Zwangsarbeit bis zu drei Monaten.[3]). Außer diesen Strafen kann in beiden Kolonien der Gouverneur dem Anwerber, der die Vorschriften der Anwerbeordnung nicht befolgt, den Erlaubnisschein entziehen.[4])

Kap. 6. Das Vertragsverhältnis eingeborener Arbeiter.

Die in beiden Kolonien befolgte „negererhaltende Politik" — im Sinne Dernburgs[5]) —, die zur Regelung und scharfen Überwachung der Anwerbetätigkeit geführt hat, findet ihre Fortsetzung und Ergänzung in den Bestimmungen, die den Arbeitsvertrag der Eingeborenen als solchen regeln. Wichtig wird dies besonders für alle die Fälle, wo der Anwerber nicht gleichzeitig den Arbeitsvertrag schließt; also in D.O.A. bei der Arbeiterbeschaffung innerhalb desselben Bezirkes, in Br.O.A. beim Vertragsschluß zwischen dem Anwerber und den nicht für einen bestimmten Betrieb geworbenen Arbeitern. Außerdem kommen die Vorschriften natürlich für alle die Arbeitsverträge in Betracht, die von Eingeborenen selbständig, d. h. ohne die vermittelnde Tätigkeit eines Werbers, geschlossen werden.

§ 1. Begriff des Arbeitsvertrages.

Arbeitsvertrag im Sinne der deutsch-ostafrikanischen Arbeiterverordnung ist immer nur ein Rechtsverhältnis zwischen nicht eingeborenen Arbeitgebern und eingeborenen Arbeitern,[6]) während in Br.O.A. auch die Verträge mit eingeborenen Arbeitgebern betroffen sind.[7])

Unter Arbeitsvertrag versteht man nach deutschem Reichsrecht einen gegenseitigen Vertrag, in dem sich die eine Partei zur Leistung von Arbeit — d. h. „jede Tätigkeit eines Menschen, die ein fremdes Bedürfnis zu befriedigen vermag"[8]) — die andere zur Leistung einer Vergütung verpflichtet.[9]) Darunter würden demnach die Dienstverträge, die sich hauptsächlich auf die Arbeit in ihrer Entwicklung beziehen, und die Werkverträge, bei denen das Hauptaugenmerk auf

---

1) Aw.V. § 22.
2) „ „ § 13,4.
3) M.S.O. s. 39.
4) Aw.V. § 14 Ziffer 5 auch Ziffer 2. M.S.O. s. 39 vgl. hierzu auch oben S. 47 Anm. 3.
5) Vgl. D.K.Bl. 1908 S. 290 ff.
6) A.V. § 1.
7) M.S.O. s. 2,3.
8) Lotmar, S. 72.
9) Staudinger II, S. 1063.

den Erfolg der geleisteten Arbeit gerichtet ist, — im Sinne des B.G.B. — fallen.[1]) Die deutsch-ostafrikanische A.V. versteht unter Arbeitsvertrag grundsätzlich ebenfalls diesen umfassenden Begriff, scheidet jedoch die „Dienste höherer Art" aus. Vielfach werden diese auf Grund von Werkverträgen geleistet werden, z. B. die Dienste als Handwerker. Wichtig wird jedoch der Grundsatz, daß auch Werkverträge mit unter die Normen der A.V. fallen, besonders für die Regelung der Akkordverhältnisse, die nach der Auslegung der deutschen Rechtswissenschaft als Dienst- oder Werkverträge auftreten können.[2]) In D.O.A. kommen sie in der Form vor, daß die Verpflichtung des Arbeiters primär auf Erfüllung einer bestimmten Minimalleistung geht; erfüllt er diese nicht, so tritt an ihre Stelle die Verpflichtung zur Arbeit während der gesetzlichen Arbeitszeit.[3]) Im Gegensatz zu der A.V. von 1909 gilt die neue A.V. auch für die Verträge häuslicher Dienstboten.

Das britische Recht unterscheidet ebenfalls verschiedene Arten von Arbeitsverträgen, die ungefähr den deutschen Dienst- und Werkverträgen entsprechen. Das Verhältnis zwischen „master" und „servant" wird dadurch gekennzeichnet, daß dem Dienstherrn ein Anordnungsrecht darüber zusteht, was für Arbeit der Dienstverpflichtete zu leisten hat, und in welcher Art er sie ausführen soll.[4]) Der Unterschied dieses Verhältnisses zu dem zwischen „employer" und „contractor" liegt darin, daß der „contractor" die Arbeit nach eigenem Gutdünken ausführen kann.[5]) Diese Unterscheidung entspricht nicht ganz dem oben dargelegten Unterschied zwischen Dienst- und Werkvertrag nach deutschem Reichsrecht; denn die Leistung von „piecework" (d. h. Stückarbeit) kann nach deutschem Recht auch auf einer Verpflichtung aus Werkvertrag beruhen, während das britische Recht hierfür den „contract of master and servant" als Basis ansieht, sofern nicht der Arbeitnehmer eine gewisse Selbständigkeit behält. Dementsprechend ist auch die Geltung der M.S.O. in Br.O.A. durch exempli gratia-Aufzählung von verschiedenen Arbeitsverpflichtungen, die teils aus Dienst-, teils aus Werkvertrag (im Sinne des deutschen Rechts) eingegangen sein können, für alle Vertragsverhältnisse festgesetzt, durch die eine entgeltliche Pflicht eines Eingeborenen, körperliche Arbeiten oder Dienste für eine andere Person zu leisten, begründet wird. Es wird dabei kein Unterschied gemacht zwischen Diensten höherer und niederer Art: vor allem ist die Tätigkeit als Handwerker (artificer) ausdrücklich mit einbezogen. Wenn auch aus der Änderung des Ausdruckes („employment" statt „occupation") gegen die M.S.O.

---

[1]) Vgl. Staudinger II, S. 1051.
[2]) „ „ II, „ 1151 und 1065.
[3]) Gouv.R. S. 23.
[4]) Halsbury XX, s. 131 Satz 1.
[5]) „ XX, „ 134; XXVIII, s. 1520.

von 1906 geschlossen werden kann, daß das Hauptgewicht für die Beurteilung des Geltungsbereichs nicht so sehr auf die Art der Tätigkeit als auf die Art der Anstellung zu legen ist, so wird man doch der Beschränkung des Katalogs der betroffenen Arbeits- und Dienstarten auf solche körperlicher Natur zu entnehmen haben, daß Arbeits- und Dienstverhältnisse, bei denen ein mehr oder minder großes Maß von Kopfarbeit gefordert wird — z. B. Schreiberdienste — nicht mitbetroffen sein sollen.[1])

Wichtig ist wiederum die Frage, ob die Rechtsverhältnisse der Träger mit von den Vorschriften geregelt werden. Für Br.O.A. wird dies durch die ausdrückliche Nennung des Trägerdienstes in der Aufzählung von der Geltung der M.S.O. unterworfenen Arten von Dienstverhältnissen bejahend entschieden. Für D.O.A. ist der Ansicht von Claß[2]) beizupflichten, der sich für die Anwendung der Normen der A.V. auf den Trägervertrag ausspricht; denn ohne Zweifel geht die Verpflichtung des Trägers auf eine Tätigkeit, durch die ein Bedürfnis des Arbeitgebers, nämlich seine Waren zu befördern, befriedigt wird. Als höhere Dienstart ist diese Tätigkeit nicht anzusprechen; für ihre Ausnahme vom Geltungsbereich der A.V. liegt demnach kein Grund vor. Aus der Natur des Trägerdienstes ergibt sich jedoch, daß gewisse Schutzbestimmungen der A.V. nicht auf ihn anwendbar sind: z. B. die Vorschriften über die Unterkunftsräume, Krankenräume und dergl. Dieselbe Einschränkung hat man der Geltung der M.S.O. für Br.O.A. zu unterstellen.

§ 2. Abschluß, Dauer, Auflösung des Arbeitsvertrages.

a. Abschluss.

Bei der Regelung der Abschlußformen für den Arbeitsvertrag zeigt sich wieder das dem Arbeiterrecht beider Kolonien zugrundeliegende Schutzprinzip zugunsten der Eingeborenen. Formlos abgeschlossene Verträge haben nur beschränkte Gültigkeitsdauer.[3]) Langfristige Verträge bedürfen in D.O.A. des Abschlusses vor der Verwaltungsbehörde oder einem besonderen Beamten; hierfür ist der zur Überwachung aller mit dem Arbeits- oder Anwerbeverhältnis zusammenhängenden Fragen seit 1909 eingesetzte Distriktskommissar zuständig. Der Vertrag kann mündlich geschlossen werden.[4])

In Br.O.A. genügt für langfristige Verträge Schriftform, sofern der Eingeborene lesen und schreiben kann. Im anderen — der Natur der Dinge nach viel häufigeren Falle — muß der Vertrag auch hier vor der Behörde geschlossen werden, bezw. dem Friedensrichter,

---

[1]) Vgl. auch M.S.O. 1906, s. 2,1 (O.G. v. 1. 4. 1906, S. 113).
[2]) Claß, S. 33.
[3]) A.V. § 2,1 arg. e contr., 3; M.S.O. s. 3,2.
[4]) „ „ § 2,4.

einem Organ, das bei Gelegenheit der neuesten Regelung des Arbeiterrechtes geschaffen ist, und zu dessen Obliegenheiten u. a. auch die Überwachung der Arbeiter=, nicht der Anwerbeverträge, gehört.[1]) In dieser Formvorschrift ist ein Fortschritt im Sinne des Schutzprinzipes für die Eingeborenen gegenüber der M.S.O. von 1906[2]) s. 4 zu sehen, wo es dem Belieben einer Partei anheimgestellt war, ob der Vertrag beurkundet werden sollte, oder nicht. Die Behörde muß den Vertrag beurkunden, nachdem sein Inhalt dem Eingeborenen im Beisein des Beamten verständlich gemacht und das Einverständnis des Eingeborenen erklärt ist.[3]) Der beurkundete Vertrag soll so genau wie möglich die wichtigsten Arbeitsbedingungen und eine Verpflichtung des Arbeitgebers über die Fristen, innerhalb derer der Lohn gezahlt werden soll, enthalten.[4]) Die Fassung als „Soll"=Vorschrift bedeutet, daß kein Vertrag, dessen Inhalt diesen Bedingungen widerspricht, gegen die andere Partei im Streitfalle geltend gemacht werden kann;[5]) er ist also nicht von vornherein ungültig wie in D.O.A. Hinsichtlich der Dauer gilt z. B. ein Vertrag, in dem monatliche Lohnzahlung abgemacht ist, der aber nicht allen Formvorschriften entspricht als auf die Dauer e i n e s Monats abgeschlossen, der am Ende eines jeden Monats erlischt und stillschweigend erneuert wird.[6]) Die beurkundeten Verträge werden in drei Exemplaren ausgefertigt, von denen eins dem Arbeitgeber, eins dem Arbeiter, eins dem Provinzialkommissar der Provinz, in der die Beurkundung vorgenommen wird, zuzustellen ist.[7]) Für die Beurkundung wird eine Gebühr von 0.50 Rp. erhoben.[8]) Es tritt uns hier, wie bei den Anwerbebestimmungen in Br.O.A., das Bestreben entgegen, durch Auferlegung von Gebühren die Kosten der Überwachung des Arbeiter= und Anwerbewesens wenigstens z. T. zu decken, wogegen in D.O.A. diese Tätigkeit ganz zu Lasten des Fiskus ausgeübt wird.

Besondere Vorschriften gelten in Br.O.A. für den L e h r l i n g s v e r t r a g, der in D.O.A. nicht gesondert geregelt ist. Ein solcher Vertrag liegt vor, wenn der Arbeitnehmer zum Zwecke seiner Ausbildung in besonderen Fertigkeiten (art or skill) ein Arbeitsverhältnis eingeht. Mit Eingeborenen, die das 9. Lebensjahr nicht vollendet haben, kann ein Lehrlingsvertrag nicht geschlossen werden. Sofern der Lehrling das 16. Jahr nicht erreicht hat, muß der Vater oder Vormund für ihn mit seiner Zustimmung den Vertrag schließen.[9])

---

1) I.P.O. s. 3 vbdn. m. M.S.O. s. 4.
2) O.G. 1906, S. 113 ff.
3) M.S.O. s. 4.
4) „ „ „ 6a bis d.
5) C.M. s. 8.
6) E.A.L.R. II, S. 28.
7) M.S.O. s. 10.
8) „ „ „ 7 vbdn. m. Notice vom 21. 4. 1910 (O.G. 1910 S. 227).
9) „ „ „ 16.

Wenn kein Vater oder Vormund vorhanden ist, kann die Behörde seines Aufenthaltsbezirks ihre Einwilligung zur Eingehung des Vertrages geben, und eine geeignete Persönlichkeit zum Vormund bestimmen, die den Vertrag für den Lehrling zu schließen hat.[1]) Über 16 Jahre alte Eingeborene können den Lehrlingsvertrag selbständig schließen.[2])

Der Lehrlingsvertrag soll in der Form der „gesiegelten Urkunde" (Deed) abgeschlossen werden.[3]) Wenn ein Eingeborener, der das 16. Lebensjahr nicht vollendet hat, das Lehrlingsverhältnis eingehen soll, so hat der Vater oder Vormund für ihn die Urkunde zu vollziehen. Nach englischem Recht ist eine in dieser Form eingegangene Verpflichtung von absolut bindender Kraft. Der Beweis, daß die darin ausgesprochene Willensmeinung nicht die des Verpflichteten sei, ist sehr erschwert. Die darin versprochene Leistung kann auch gefordert werden, wenn die eventuell zu einer Gegenleistung verpflichtete andere Partei im Verzug ist. Als unerläßliche Formvorschrift ist die Siegelung und Übergabe zu nennen.[4]) In Br.O.A. bedarf die Urkunde ferner zu ihrer Gültigkeit der Billigung und Bescheinigung durch die Behörde des Bezirkes, in dem der Vertrag erfüllt werden soll. Im übrigen gelten dieselben Vorschriften, wie für den gewöhnlichen Arbeitsvertrag.[5])

Durch die schärfere Überwachung des Arbeitsvertragsschlusses in der britischen Kolonie, besonders wenn es sich um Verträge mit unerwachsenen, also vor anderen schutzbedürftigen Arbeitnehmern handelt, wird die größere Freiheit, die dort beim Anwerbevertrag gelassen wird, etwas ausgeglichen. Es ist jedoch daran zu erinnern, daß in Br.O.A. die Werbung nicht für einen bestimmten Arbeitgeber zu geschehen braucht, der Anwerber also nicht gezwungen ist, den scharf überwachten Arbeitsvertrag zu schließen.

b. Dauer.

Die Dauer der formlos geschlossenen Arbeitsverträge beträgt in beiden Kolonien höchstens einen Monat,[6]) ohne Rücksicht darauf, ob die vereinbarte Arbeit geleistet ist oder nicht. In D.O.A. ist seit 1913 die besondere Bestimmung getroffen, daß für Verträge, die auf genau 30 Tage abgeschlossen sind, die Gültigkeit für bezirkseingesessene Arbeiter bis zum Ablauf von 4 Monaten, für Bezirksfremde auf die Dauer von 6 Wochen vom Dienstantritt (nicht von Vertragsschluß, der ja durch den Anwerber zu viel früherer Zeit geschehen kann), ver-

---

[1]) M.S.O. s. 17.
[2]) „ „ „ „ 18.
[3]) „ „ „ „ 20.
[4]) Vgl. Halsbury X, s. 649, 650, 686, 690.
[5]) M.S.O. s. 2,1 und 3.
[6]) A.B. § 2,1 u. 2; M.S.O. s. 3,2 — In Br.O.A. war bis 1906 die Höchstgrenze 2 Monate.

längert werden kann. Bedingung ist dafür, daß der Arbeiter die Vertragserfüllung begonnen und einen Ausweis über die zu leistenden Arbeitstage (Arbeiterkarte) erhalten hat.[1])

Im Interesse der Eingeborenen-Wirtschaft ist auch die Dauer der förmlich abgeschlossenen Arbeitsverträge nicht ganz dem Belieben der Partei anheimgestellt. In D.O.A. ist die Höchstgrenze auf ein Jahr, oder wenn die Dauer nach einzelnen Tagen, an denen tatsächlich gearbeitet wird, bestimmt ist, auf 240 Arbeitstage[2]) festgesetzt; in Br.O.A. ist sie doppelt so hoch, nach der M.S.O. von 1906 s. 10 betrug sie sogar noch 3 Jahre. Lehrlingsverträge dürfen auf die Dauer von 5 Jahren abgeschlossen[3]) werden. In D.O.A. ist der Gewohnheit der eingeborenen Arbeiter, nicht an sämtlichen Tagen ihre Vertragszeit tatsächlich zu arbeiten, durch eine Reihe von Bestimmungen Rechnung getragen. Es wird ihnen soweit entgegengekommen, daß die Vertragsdauer in jedem Fall unabhängig von der Zahl der Arbeitstage nach einem gewissen Zeitablauf erlischt. Für bezirksfremde Eingeborene gilt folgende Skala:[4])

Vertragsdauer	Zeitpunkt der Beendigung
bis 180 Arbeitstage	Ablauf des 9. Monats
181 „ 210 „	„ „ 11. „
211 „ 240 „	„ „ 12. „

Für bezirkseingesessene Arbeiter kann schon von einer Vertragsdauer von 90 Arbeitstagen an der Zeitpunkt des Erlöschens erst auf den Ablauf des 12. Monats vertraglich festgelegt werden.[5])

Die Vertragszeit beginnt in D.O.A. am Tage nach dem Eintreffen der Arbeiter auf dem Betriebe, in Br.O.A. mit dem Vertragsschluß.[6])

c. *Auflösung.*

Der Arbeitsvertrag endet regelmäßig mit Ablauf der Zeit, für die er eingegangen ist.

Eine vorzeitige Beendigung des Arbeitsverhältnisses kann in D.O.A. durch die Entlassung seitens des Arbeitgebers,[7]) in Br.O.A. bei Verträgen, die nicht auf eine bestimmte Zeit, oder zur Fertigstellung eines bestimmten Werkes abgeschlossen sind, durch Kündigung von beiden Teilen herbeigeführt werden.[8]) In D.O.A., wo die gesetzliche Vertragsdauer schon an sich viel beschränkter ist, als in der britischen Kolonie, ist ein allgemeines Kündigungsrecht nicht vor-

[1]) A.V. § 2,3 u. 5; vgl. Ausf.V. z. A.V. v. 20. 4. 1914 Art. IV (A.A. 1914, S. 129).
[2]) A.V. § 3,4.
[3]) M.S.O. s. 11 u. 16.
[4]) A.V. § 3,2.
[5]) „ „ § 3,3.
[6]) „ „ § 3,6; M.S.O. s. 11.
[7]) „ „ §§ 19, 20.
[8]) M.S.O. s. 12a.

gesehen; die Entlassung kann nur aus einem der aufgezählten wichtigen Gründen erfolgen, bezw. auf Antrag des Arbeiters, der aber auch nur bei gewissen Gründen angenommen werden muß. Diese scheinbare Härte gegen die Arbeitnehmer wird dadurch gemildert, daß „gegenseitige Einverständnis", das bei langfristigen Verträgen vor der Behörde zu erklären ist, als wichtiger Entlassungsgrund gilt.[1]) Andere Gründe sind erhebliche moralische oder körperliche Minderwertigkeit des Arbeiters; das Criterium für die Erheblichkeit im letzten Falle ist die vollständige oder teilweise Unfähigkeit zur Arbeit, oder die Gefährdung anderer Personen durch die Krankheit.[2]) Wegen moralischer Minderwertigkeit kann ein Arbeiter entlassen werden, der ein Verbrechen oder Vergehen begangen hat; — vorbeugend ist auch schon die üble Beeinflussung anderer Eingeborener durch den Arbeiter ein Entlassungsgrund. Ferner kommt Schädigung oder Gefährdung der Interessen (nicht nur der materiellen) des Arbeitgebers durch grobe Verstöße gegen die übernommene Vertragspflicht, die Disziplin oder den Anstand in Betracht.[3]) Anträgen der Arbeitnehmer auf Entlassung ist vom Arbeitgeber stattzugeben, wenn er seine vertraglichen oder gesetzlichen Pflichten gegen die Arbeiter grob vernachlässigt, wenn er oder von ihm abhängige Personen den Arbeiter grob mißhandelt haben, wenn der Arbeiter aus gesundheitlichen Gründen zur Erfüllung der übernommenen Pflichten unfähig geworden ist.[4]) Dadurch, daß die Entlassungserklärung von dem Arbeitgeber abzugeben ist, wird die vorzeitige Beendigung des Arbeitsverhältnisses durch den Arbeitnehmer zwar etwas erschwert, aber bei der kurzen gesetzlichen Vertragsdauer ist dieses Gegengewicht gegen voreilige „Kündigungen" seitens der Eingeborenen mit ihrem „oft ungezügelten Wesen"[5]) wohl zu rechtfertigen, zumal die Arbeiter in gewissen Fällen ja einen Anspruch auf die Entlassungserklärung haben.

In Br.O.A. mit seiner so viel längeren gesetzlichen Vertragsdauer ist ein freies Kündigungsrecht, ohne Rücksicht auf „wichtige Gründe", für beide Teile vorgesehen, wenn der Arbeitsvertrag keine ausdrücklichen Angaben über die Dauer, bezw. die Zeit, innerhalb derer ein bestimmtes Werk fertiggestellt sein soll, enthält. Der Vertrag kann ohne Einhaltung von Fristen am Ende jedes Tages aufgelöst werden, wenn keine Abmachungen über die Termine der Lohnzahlung getroffen sind, oder die Löhne in kürzeren Perioden als monatlich gezahlt werden sollen.[6]) Nur am Ende eines Monats gleichfalls ohne Kündigungsfrist kann der Vertrag aufgelöst werden, wenn

---

1) A.V. § 19, Ziffer 5.
2) " " § 19, Ziffer 3 u. 4.
3) " " § 19, Ziffer 1 u. 2.
4) " " § 20,1 Ziffer 1 bis 3.
5) vgl. Claß, S. 44.
6) M.S.O. s. 12a, Ziffer 1.

die Löhne monatlich gezahlt werden.[1]) Bis zum Erlaß dieser Bestimmungen war es Rechtsbrauch, daß auch bei solchen Verträgen der Arbeiter am Ende jedes Tages die Arbeit aufgeben konnte.[2])

Neben diesem freien Kündigungsrecht steht auch in Br.O.A. das Recht beider Parteien, aus wichtigen Gründen ein Arbeitsverhältnis ohne Kündigungsfrist zu lösen, auch wenn es für eine bestimmte Zeitdauer eingegangen ist. Da in Br.O.A. keine besonderen Bestimmungen darüber erlassen, auch keine anglo-indischen Normen eingeführt sind, was als wichtiger Kündigungsgrund anzusehen ist, so haben wir in diesem Punkte auf das englische Recht zurückzugreifen. Die danach geltenden wichtigen Kündigungsgründe der Arbeitgeber,[3]) wie Ungehorsam und Nachlässigkeit im Dienst usw., entsprechen etwa den in der M.S.O.[4]) mit Strafe bedrohten Handlungen der Arbeiter, die wir daher auch als wichtige Kündigungsgründe ansehen können, obwohl sie nicht ausdrücklich als solche bezeichnet sind. Entsprechend dem englischen Recht ist ferner körperliche oder geistige Unfähigkeit zur Erfüllung der übernommenen Pflichten und „dauernde" (im Verhältnis zur Vertragsdauer zu beurteilende) Krankheit als ausreichender Kündigungsgrund anzusehen.[5]) Der Mangel der Feststellung der genauen Kündigungsgründe des Arbeitgebers wurde schon an dem Entwurf der M.S.O. im Jahre 1909 gerügt.[6]) Es wurde vorgeschlagen, als solche zu bezeichnen: schlechte Beeinflussung der Mitarbeiter, Begehen von Verbrechen, Behaftung mit Geschlechts- und anderen ansteckenden Krankheiten, Versäumnis der Arbeit bei Krankheit von längerer Dauer als zwei Wochen. Also ganz ähnliche Bestimmungen, wie sie in D.O.A. getroffen wurden.

Der Arbeiter kann kündigen, wenn der Arbeitgeber seine Vertragspflicht grob verletzt, oder den Arbeiter schwer mißhandelt; außerdem, wenn die Fortsetzung des Arbeitsverhältnisses für ihn mit Leibes- oder Lebensgefahr verbunden ist.[7])

Durchbrochen werden in Br.O.A. die Grundsätze über die Beendigung des Arbeitsvertrages durch die Bestimmung, daß dem Arbeitgeber ein einseitiges Recht auf Verlängerung der Vertragsdauer zusteht, wenn der Arbeiter sich auf einer Reise befindet. Die Bestimmung ist also vor allem wichtig für Träger. Die Vertragsdauer darf aber nur bis zur Beendigung der Reise verlängert werden und nicht über die gesetzliche Höchstgrenze hinaus.[8]) Eine analoge Übung wird man für D.O.A. annehmen

---

[1]) M.S.O. s. 12a, Ziffer 2.
[2]) E.A.St. vom 13. 3. 09.
[3]) Halsbury XX, s. 190/192.
[4]) vgl. M.S.O. s. 47 u. 48.
[5]) Halsbury XX, s. 193, 194.
[6]) E.A.St. v. 20. 3. 09.
[7]) Halsbury XX, s. 199.
[8]) M.S.O. s. 13.

können. Eine Verlängerung der Vertragsdauer über die abgemachte Zeit hinaus ist ferner dadurch möglich, daß dem Arbeiter nach Verbüßung einer Freiheitsstrafe wegen unerlaubten Verlassens des Dienstes oder Desertion (vgl. unten § 7) auf Antrag des Arbeitgebers durch Verfügung des Gerichts die Verpflichtung auferlegt wird, seine Arbeit wieder aufzunehmen; und zwar kann die Vertragsdauer entsprechend der Zeit seiner Abwesenheit verlängert werden,[1] aber nicht mehr zuzüglich der Dauer der Freiheitsstrafe, wie nach der M.S.O. von 1906 s 24 und nicht über die gesetzliche Höchstdauer (siehe oben Seite 65) hinaus.

In D.O.A. ist eine ähnliche Bestimmung nicht erlassen, doch kann man annehmen, daß dort dieselbe Übung herrscht.[2] ebenso in betreff der Frage, daß eine Bestrafung an sich keinen Einfluß auf den Bestand des Vertrages hat, und daß während der Dauer einer Freiheitsstrafe kein Anspruch auf Lohnzahlung bestehe — Bestimmungen, die in der M.S.O. ebenfalls ausdrücklich getroffen sind.[3] In Br.O.A. können Lehrlingsverträge „übertragen werden", d. h. diese Verträge brauchen nicht neu geschlossen zu werden, wenn mit Einverständnis beider Parteien der Arbeitgeber oder Arbeitnehmer seine Rechte aus dem Vertrage auf eine andere Person überträgt.[4] Diese Übertragung bedarf aber derselben Form wie der Abschluß des Vertrages.[5]

Für die Verträge von Arbeitern im Dienste der Eisenbahn und Post gelten in Br.O.A. die Regeln über Abschluß, Dauer und Beendigung der Arbeitsverträge nur subsidär.[6]

§ 3. Die Entlohnung.

Der aus dem Arbeitsvertrag hervorgehende Anspruch auf Entlohnung[7] ist in beiden Kolonien in mehrfacher Beziehung durch gesetzliche Vorschrift geregelt. Das Bestehen dieses Anspruches wird bei den langfristigen Verträgen durch die Förmlichkeit des Vertragsschlusses den Arbeitern klar gemacht, da ja die Behörde, vor der diese Verträge meistens zu schließen sind, dafür sorgen soll, daß dem Arbeiter der vorgeschriebene Vertragsinhalt bekannt wird (vgl. oben Seite 62).

In D.O.A. wird Lohn nur für die Tage gezahlt, an denen tatsächlich gearbeitet ist, oder die Arbeit auf Grund von Anordnungen der Betriebsleitung unterblieb; für Tage, an denen der Arbeiter aus sonstigen Gründen, auch ohne sein Verschulden (z. B. Krankheit), nicht gearbeitet hat, hat er also keinen Lohnanspruch. In Br.O.A. ist diese Frage der Regelung durch vertragliche Abmachung bezw. durch den Ortsgebrauch überlassen.

---

1) M.S.O. s. 51.
2) Gouv.R., S. 31. vgl. Claß, S. 66.
3) M.S.O. s. 49 und 50 vgl. auch A.V. von 1909 § 16,2.
4) Vgl. Halsbury XXV, s. 639.
5) M.S.O. s. 19.
6) „ „ „ 14.
7) A.V. § 7; M.S.O. s. 2,1.

Die Entlohnung muß in D.O.A. in bar erfolgen, das sogenannte Truck-System: Verwendung von Zahlungssurrogaten und Warenakkreditierung ist damit ausgeschlossen.[1]) Nicht in bar geleistete Lohnzahlungen sind nichtig. Der Arbeiter behält seinen Lohnanspruch. Da aber nach dem Grundsatz der deutschen Gesetzgebung der Arbeiter nicht bereichert werden soll, so kann der Arbeitgeber, solange keine ausdrücklichen Bestimmungen darüber getroffen sind, wer die gelieferte Waren erhalten soll (entsprechend dem Anspruch der Hülfskassen in Deutschland), Herausgabe wegen ungerechtfertigter Bereicherung verlangen. Dieser Anspruch wird allerdings meistens „papiern" bleiben, da die Bereicherung des eingeborenen Arbeiters sehr schnell vergangen sein wird.[2]) Für Br.O.A. ist die Barzahlungspflicht nicht vorgeschrieben; wenn auch nicht mehr ausdrücklich bestimmt ist, wie in der M.S.O. von 1906 s 13, daß Vereinbarungen über die Lohnzahlungen in Waren gültig sein sollen, so hat man doch der Auslegung des Begriffs „Arbeiter" zu entnehmen, daß die Anstellung auch gegen Gewährung anderer Vergütung (remuneration) als bare Lohnzahlung (hire or wages) erfolgen kann.[3]) Damit ist dem Truck-System und seinen üblen Begleiterscheinungen Türe und Tor geöffnet.

In beiden Kolonien müssen die Löhne spätestens alle 30 Tage bezw. monatlich gezahlt werden; in Br.O.A. können vertraglich andere Termine vereinbart werden.[4])

In D.O.A. hat der Arbeitgeber in gewissen Fällen ein Zurückbehaltungsrecht an einem Teil des Lohnes bis zum Ende des Arbeitsverhältnisses. Dieses Recht besteht bei langfristigen Arbeitsverträgen immer, vorbehaltlich der ausdrücklichen vertraglichen Ausschließung.[5]) Dagegen muß es bei kurzfristigen Verträgen besonders abgemacht werden. Die Höhe der zurückbehaltenen Summe, die als Sicherheit für den aus einem eventl. Kontraktbruch des Arbeiters entstehenden Schaden haften soll, darf zusammen mit dem Abzug, den seit der neuen A.V. von 1913 der Arbeitgeber von der Lohnsumme auch zum Zwecke der Wiedererlangung etwaiger Lohnvorschüsse zu machen berechtigt ist, die Hälfte des monatlichen Arbeitslohnes nicht übersteigen.[6]) Es ist zu beachten, daß der Arbeitgeber nur in diesen beiden Fällen Lohnabzüge machen darf, also vor allem auch dann nicht, wenn Akkordarbeiter die vertragliche Minimalleistung nicht erfüllen.[7]) Der Arbeiter hat abweichend von der Bestimmung der A.V. von 1909 § 8 Satz 4 bei Beendigung des Arbeitsverhältnisses Anspruch auf

---

[1]) A.V. § 6,3; vgl. Claß, S. 49 und 50.
[2]) vgl. Gew.O. § 116 und v. Landmann II, S. 147.
[3]) M.S.O. s. 2,1.
[4]) A.V. § 8,1 M.S.O. s. 6d.
[5]) „ „ § 8,2.
[6]) „ „ § 8,3.
[7]) Gouv.R., S. 23.

Auszahlung des zurückbehaltenen Lohnes nur soweit, als der Arbeitgeber ihn nicht gegen seine event. Forderungen auf Schadenersatz bezw. Rückerstattung aufrechnet. Der Arbeitgeber braucht zu seiner Befriedigung also nicht mehr die Zwangsvollstreckung in das Vermögen des Eingeborenen abzuwarten.[1]) Das Aufrechnungsverbot des B.G.B. § 394, verbunden mit Z.P.O. § 850 Ziffer 1 gilt für die gemischten Rechtsverhältnisse nicht. Claß[2]) verteidigt die analoge Anwendung dieser Vorschriften in D.O.A. mit dem Hinweis auf den Grundsatz der A.V., dem Arbeiter ein Existenzminimum zu lassen. Dieses Prinzip wird jedoch durch die Beschränkung des Zurückbehaltungsrechtes schon genügend gewahrt. Es ist hier mit Recht vom Gesetzgeber auch das Interesse des Arbeitgebers gewahrt worden, der bisher bei so weitgehenden Belastungen zugunsten des sozialen Schutzprinzips wegen seiner Forderungen an den Arbeiter nur auf das Ergebnis der Zwangsvollstreckung in das Vermögen des Eingeborenen angewiesen war, der womöglich, ohne den vollstreckbaren Titel abzuwarten, mitsamt seinem „Vermögen" im Busch verschwindet.

In Br.O.A. besteht entsprechend der Regelung im britischen Recht[3]) ein solches Zurückbehaltungsrecht nicht, obwohl seine Einführung bei Gelegenheit der Änderung der M.S.O. von 1906 nach dem Vorbilde der Regelung in D.O.A. empfohlen wurde.[4]) Vielmehr hat der Arbeitgeber die durch öffentlich-rechtliche Strafandrohung für Nichterfüllung verstärkte Verpflichtung zur Zahlung aller fälligen Löhne und Herausgabe des Eigentums des Arbeiters.[5]) Die unter den obwaltenden wirtschaftlichen Verhältnissen für den Arbeitgeber sehr harte Vorschrift wird dadurch etwas gemildert, daß der Richter im Prozeß etwaige gegenseitige Ansprüche der Parteien aus dem Vertragsverhältnis schlichten und gegeneinander aufrechnen kann.[6]) Dies gilt besonders für den Fall, wo der Arbeitgeber gegen den Arbeiter einen Anspruch auf Entschädigung wegen Verlust oder Verletzung seines Eigentums hat. Die Ersatzsumme kann dann durch richterlichen Spruch auch in Raten auf die Monats- bezw. Wochenlöhne verteilt werden.[7]) Praktisch ergibt sich also zwar nicht ein gesetzliches, wie im deutsch-ostafrikanischen Recht, aber ein durch richterliches Urteil begründetes Zurückbehaltungsrecht, sobald ein Schadensfall eingetreten ist. Ferner gewährt dem Arbeitgeber folgende Bestimmung einige Aussicht, trotz seiner Machtlosigkeit gegenüber den Lohnansprüchen der Arbeiter Ersatz für von diesen verursachten Schaden zu erlangen: Geldstrafen

[1]) Claß, S. 53.
[2]) „ „ 51 und 52.
[3]) Halsbury XX, s. 212.
[4]) E.A.St. vom 20. 3. 09.
[5]) M.S.O. s. 55, Ziffer 1 und 2.
[6]) „ „ „ „ 45, 1a.
[7]) „ „ „ „ 52.

oder verfallene Sicherheiten sind auf Anordnung des Richters ganz oder zum Teil der (durch Vertragsbruch oder unerlaubte Handlung) geschädigten Partei auszuzahlen[1]) (vgl. hierzu Kap. 7).

Wie bereits erwähnt, darf die zurückbehaltene Summe in D.O.A. auch als Sicherheit für gewährte Lohnvorschüsse betrachtet, und diese dementsprechend gegen Forderungen des Arbeiters aufgerechnet werden;[2]) Schulden des Arbeiters beim Arbeitgeber, auch solche auf Grund einer Schadensersatzpflicht, verpflichten jedoch auf keinen Fall zu weiteren Dienstleistungen,[3]) während in der britischen Kolonie der Arbeiter, sofern er angenommene Vorschüsse nicht zurückzahlt, sein freies Kündigungsrecht verliert, bezw. bei Verträgen von bestimmter Dauer zu weiteren Dienstleistungen verpflichtet ist. Nur bei wichtigen Gründen — good reason — darf er in diesem Fall den Dienst verlassen. „lawful cause", z. B. Ablauf der Kontraktdauer, genügt nicht. Die Verpflichtung zur Abarbeitung von Schulden ist öffentlich-rechtlich, ihre Nichterfüllung wird mit Strafe bedroht.[4]) Diese Regelung, die aus der M.S.O. von 1906 übernommen ist, findet in der britischen Kolonie Widerspruch aus denselben Gründen, die oben (Seite 59) bei Gelegenheit des Vorschußwesens bei der Anwerbung besprochen sind. Wenigstens sollte zur Wiedererlangung der hohen Vorschüsse, d. h. solcher, die dreiviertel des Wochen- oder Monatslohnes übersteigen, dem Arbeitgeber nicht die strafende Macht des Staates zur Verfügung gestellt werden.[5])

Bei vorzeitiger Lösung auf bestimmte Zeit abgeschlossener Verträge aus wichtigen Gründen braucht in D.O.A. kein Lohn für die nicht vollendete Dauer des Arbeitsvertrages gezahlt werden, sofern der Arbeitgeber aus dem wichtigen Grunde kündigt.[6]) Wenn die Löhne nicht täglich, sondern für längere Perioden gezahlt werden, verliert der Arbeiter in Br.O.A. den Lohnanspruch sogar für den abgearbeiteten Teil der Vertragsperiode.[7]) Der Arbeiter, der aus einem wichtigen Grunde kündigt, hat in D.O.A. Anspruch auf Lohn für den Rest der Vertragsdauer nur insofern, als „die Billigkeit nach den Umständen des Falles eine Schadloshaltung erfordert". Streitigkeiten über Begründung und Umfang des Anspruches entscheidet der Bezirkskommissar.[8]) Für Br.O.A. muß man, da entsprechende Vorschriften fehlen, annehmen, daß den Arbeitern in diesem Fall der Lohnanspruch unbedingt zusteht. Denn die Schuld dafür, daß er die vereinbarte Periode nicht in dem Arbeitsverhältnis aushält, trägt bei der Kündigung aus

---

1) M.S.O. s. 58.
2) A.V. § 8,3.
3) „ „ § 8,4.
4) M.S.O. s. 53.
5) E.A.St. v. 20. 3. 09.
6) A.V. § 19.
7) Halsbury XX, s. 162 Satz 2.
8) A.V. § 20, 2 u. 3.

wichtigem Grunde ja nicht der Arbeitnehmer. Nur wenn diese Schuld auf ihm liegt, wie in dem Falle, wo er die Kündigung des Arbeitgebers veranlaßt, verliert er nach englischem Recht seine Ansprüche.[1])

Um die Innehaltung der Vorschriften über die Lohnzahlung kontrollieren zu können, hat in D.O.A. der Gouverneur das Recht, in einzelnen Bezirken den Arbeitgebern die Führung von Lohnlisten zu einer Pflicht zu machen, deren Nichterfüllung mit Strafe bedroht ist.[2]) Diese Verpflichtung der Arbeitgeber besteht in den Bezirken Tanga, Pangani, Wilhelmstal, Morogoro, Daressalam, Moschi, Aruscha, Rufiyi.[3]) In Br.O.A. besteht kein Zwang zur Führung solcher Listen.

§ 4. Arbeiterschutz und Arbeiterfürsorge.

Zum Schutz der Eingeborenen vor Ausbeutung ist in D.O.A. gesetzlich der zehnstündige Maximalarbeitstag eingeführt.[4]) An Sonn- und gesetzlichen Feiertagen wird nicht gearbeitet.[5]) Die tägliche Arbeitszeit muß so gelegt sein, daß nach ihrer Beendigung dem Arbeiter die Verrichtung seiner häuslichen Geschäfte noch bei Tageslicht möglich ist.[6]) Überstundenarbeit — und entsprechend die Arbeit an Sonn- und gesetzlichen Festtagen — braucht der Arbeiter nur bei „besonderen Umständen", z. B. Einbringen der Kaffee-Ernte, das in wenigen Tagen geschehen muß, zu leisten.[7]) In Br. O.A. fehlen hierüber gesetzliche Vorschriften. Die Parteien sind also hier bei ihren Abmachungen keiner Beschränkung unterworfen. Es sei an dieser Stelle erwähnt, daß auch in der britischen Kolonie von Kritikern des Entwurfs der M.S.O. die Einführung des Zehnstundentages verlangt wurde.[8])

In Anlehnung an die nach deutschem Reichsrecht geltenden Schutzvorschriften ist für die Gewerbebetriebe in D.O.A. 1912 eine besondere Unfallschutzverordnung erlassen — die notwendige sozialpolitische Begleiterscheinung der fortschreitenden gewerblichen Entwicklung im Schutzgebiet. Sie verpflichtet den Unternehmer solcher Betriebe zu derartiger Einrichtung und Unterhaltung der Arbeitsräume, Maschinen, Gerätschaften und Betriebsvorrichtungen, daß Leben und Gesundheit der Arbeiter so weit geschützt werden, als die Natur des Betriebes mit Rücksicht auf die besonderen örtlichen Verhältnisse es gestattet.[9]) Wie in der Gew.O., wenn auch nicht so ins Einzelne gehend, werden einzelne solcher Schutzmaßnahmen besonders aufgeführt, die jedenfalls zu treffen sind: Die Herstellung von Vor-

---

1) Halsbury XX, s. 212.
2) A.V. § 18.
3) Ausf.V. zur A.V. Art. 3 (A.A. 1913, S. 127).
4) A.V. § 10,1 Satz 1.
5) „ „ § 7. Vgl. Claß, S. 41.
6) „ „ § 10,2.
7) „ „ § 10,1 Satz 2.
8) E.A.St. v. 20. 3. 09.
9) Uf.V. § 1.1 vgl. m. B.G.B. § 618,1 u. Gw.O. § 120a, 1 u. 3.

richtungen zum Schutze gegen gefährliche Berührung mit Maschinen oder Teilen davon. Solche Vorrichtungen müssen auch gegen Gefahren, die sich aus der Natur des Betriebsortes ergeben, getroffen werden.[1]) Weitere allgemeine Vorschriften zur Durchführung der Schutzbestimmung kann der Gouverneur erlassen, während die örtliche Verwaltungsbehörde für den einzelnen Fall die Vornahme der erforderlichen und billigerweise durchführbaren Maßnahmen verfügen kann.[2])

In beiden Kolonien besteht neben den allgemeinen Schutzvorschriften eine besondere Fürsorgepflicht des Arbeitgebers, die über die für europäische Verhältnisse geltende Regelung weit hinausgeht.

Zunächst ist die Frage der Unterkunft fast wörtlich übereinstimmend in der Weise geregelt, daß der Arbeitgeber den Arbeitern, die nicht nach Beendigung ihrer Tagesarbeit an ihren Wohnsitz zurückkehren können, auf eigene Kosten Unterkunftsräume zur Verfügung zu stellen hat. In Br.O.A. sind dabei gegebenenfalls die Anweisungen eines Beamten bezüglich der sanitären Erfordernisse zu beachten, während für D.O.A. ein für allemal die Berücksichtigung der „klimatischen Verhältnisse und der für eingeborene Arbeiter angemessenen hygienischen Forderungen" angeordnet ist. In Br.O.A. fällt die Verpflichtung zur Stellung von Unterkunftsräumen fort, falls die Arbeiter in der Nähe des Arbeitsortes, auch wenn es nicht an ihrem Wohnsitz ist, Unterkunft finden können.[3])

Sofern es nötig ist, hat der Arbeitgeber dem Arbeiter eine Decke zu liefern. In D.O.A. besteht diese Verpflichtung gegenüber Arbeitern, denen Unterkunft zu gewähren ist, sofern die klimatischen Verhältnisse es erfordern. In Br.O.A. ist sie jedem Arbeiter, der sie benötigt, auf Verlangen zu liefern; ebenso eine Wolljacke und eine Wasserflasche, sowie Zelte für Träger. Die Kosten hat der Arbeiter in beiden Kolonien zu tragen, sofern nicht ausdrücklich eine andere Vereinbarung getroffen ist.[4])

Sehr eingehend ist in beiden Schutzgebieten die Pflicht des Arbeitgebers für die Verpflegung der Arbeiter zu sorgen, geregelt. Sie besteht vorbehaltlich anderer Abmachungen im Arbeitsvertrag gegenüber den Arbeitern, denen Unterkunftsräume zu gewähren sind.[5]) In D.O.A. besteht primär die Verpflichtung zur Gewährung von Verpflegungsgeld, nur wo die Beschaffung von Nahrungsmitteln mit erheblichen Schwierigkeiten, Zeitverlust und zu hohen Kosten für die Arbeiter verbunden wäre, tritt an ihre Stelle, ohne daß es noch besonderer Vereinbarung der Parteien bedürfte (wie

[1]) Uf.V. § 1,2.
[2]) „ „ §§ 3 u. 2.
[3]) A.V. § 11,1; M.S.O. s. 24.
[4]) „ „ § 12,2; „ „ „ „ 27 u. 28.
[5]) „ „ § 6,1 Satz 1; M.S.O. s. 25.

in der A.V. von 1909 § 5,3), die Verpflegungspflicht „in natura".[1]) Das Verpflegungsgeld, bezw. der Wert der gelieferten Naturalien muß ein Drittel des vereinbarten Lohnes betragen. Ist Gesamtvergütung an Stelle der getrennten Zahlung von Verpflegungsgeld und Lohn vereinbart — wie es meistens geschieht —,[2]) so muß ein Drittel davon als Vorschuß gezahlt werden, und zwar wöchentlich. Die Naturalverpflegung, nicht das Verpflegungsgeld, ist auch an Sonn- und gesetzlichen Feiertagen zu gewähren, sowie — analog den Bestimmungen über das Verpflegungsgeld — für die Tage, an denen der Arbeiter wegen Krankheit nicht gearbeitet hat. Dasselbe muß für die Tage gelten, an denen die Arbeit infolge von Anordnungen von Vorgesetzten ausfiel. Dagegen ist der Grundsatz der A.V. von 1909 § 7,2 aufgegeben, nachdem der Arbeiter das Verpflegungsgeld für Sonn- und gesetzliche Feiertage und acht, einerlei aus welchem Grunde arbeitsfreie Tage verlangen konnte,[3]) und erst für die folgenden versäumten Tage ein Entschuldigungsbeweis gefordert wurde. In Br.O.A. ist es dem Arbeitgeber überlassen, auf welche Art er seiner Verpflichtung, für die Verpflegung der Arbeiter zu sorgen, nachkommen will. Gleichartig ist in beiden Kolonien die Sorge für Kochstellen und gesunde Wasserbeschaffung für die Arbeiter, die einen Anspruch auf Unterkunft auf Kosten des Arbeitgebers haben, ebenfalls dem Dienstherrn auferlegt. In Br.O.A. hat er darüber hinaus Kochgerät zu beschaffen, während in D.O.A. außerdem zur Bekämpfung der verbreiteten Wurmkrankheit die sehr wichtige hygienische Forderung aufgestellt ist, daß er genügende und einwandfreie Abortanlagen einzurichten hat.[4]) Außerdem muß der Arbeitgeber dort einen besonderen Koch für event. Kranke halten, sofern deren Zahl durchschnittlich 10 übersteigt.[5])

Im deutschen wie im britischen Schutzgebiet besteht die Verpflegungspflicht über die Vertragsdauer hinaus, nämlich für die Dauer der Rückreise angeworbener Arbeiter zum Anwerbeort. In D.O.A. hat der Arbeitgeber für ihn angeworbenen Arbeitern mit ihren Angehörigen[6]) nach Beendigung des Vertragsverhältnisses freie Rückbeförderung, d. h. außer dem Reisegeld Verpflegung in natura oder Ersatz der Kosten dafür, zu gewähren;[7]) nach der A.V. von 1909 § 13,2 beschränkte sich diese Rückbeförderungspflicht auf Kranke und auch nur auf solche, die mittellos waren. Auch in Br.O.A. besteht die Verpflichtung zur Rückbeförderung, wenn der Arbeitgeber auf

---

[1]) A.V. § 6,4.
[2]) Gouv.R., S. 21.
[3]) Vgl. Gouv.R., S. 29.
[4]) A.V. § 11,2 vgl. auch Gouv.R., S. 24; M.S.O. s. 25 u. 26.
[5]) „ „ § 13,4.
[6]) Aw.V. § 4,2 vgl. Gouv.R, S. 13/14.
[7]) A.V. § 9.

eigene Kosten den Arbeiter zum Arbeitsort hinbefördert hat.[1]) Dagegen muß jeder Arbeitgeber, also auch der, dem die Arbeiter nicht durch Anwerbung zugeführt sind, freie Verpflegung für die Rückreise gewähren.[2]) In D.O.A. soll die Vorschrift über die freie Rückbeförderung nach Äußerungen eines Regierungsvertreters bei den Beratungen über den Entwurf der Aw.V. den Anfang zu einem weiteren Ausbau der Gesetzgebung zwecks Kontrolle des Rücktransportes der Arbeiter bilden. Es wurde angeregt, und zwar von Seiten der Arbeitgeber, die Rückbeförderungspflicht auch zugunsten nicht von dem Arbeitgeber angeworbener Arbeiter, sofern sie sich auf mindestens 6 Monate verpflichten, festzustellen.[3])

Die Verpflichtung fällt in beiden Schutzgebieten fort, wenn der Arbeiter die Rückreise nicht antritt. Eine Frist, innerhalb derer der Anspruch des Arbeiters verfällt, ist nicht bestimmt. Man wird aber das Erlöschen der Verbindlichkeit des Arbeitgebers binnen einer angemessenen Frist annehmen können. In D.O.A. hat bei vorzeitiger Kündigung des Arbeitsvertrages aus wichtigen Gründen durch den Arbeitnehmer der Arbeitgeber für den Rest der Vertragsdauer, nicht nur für die Dauer der Rückreise Verpflegung zu gewähren, allerdings nur soweit, wie es nach billigem Ermessen erforderlich ist.[4])

In beiden Kolonien besteht endlich eine weitgehende Verpflichtung der Arbeitgeber zur Sorge für die Arbeiter im Falle von Krankheit.

In D.O.A. hat der Arbeitgeber, falls dies nötig werden sollte, auf seine Kosten die Beförderung des Kranken in ein öffentliches Krankenhaus zu veranlassen und seinen Unterhalt daselbst zu bezahlen. In Br.O.A. soll bei ernster Krankheit für ärztliche Hilfe, soweit es möglich ist, gesorgt werden.[5]) Aber auch innerhalb des Betriebes sind für Fälle von Krankheiten der Arbeiter Vorkehrungen zu treffen, und diese gehen in D.O.A., entsprechend der dort schärfer betonten sozialen Tendenz der Gesetzgebung, über die Anforderungen der britischen Verordnung hinaus. Während diese nur ganz allgemein die kostenfreie Gewährung angemessener Medizin und, dem Sinne der Vorschrift entsprechend, wohl auch von Verbandszeug, vorschreibt, muß der deutsch-ostafrikanische Arbeitgeber darüber hinaus[6]) in Betrieben, deren Arbeiterzahl dauernd 100 übersteigt, einen geeigneten Krankenraum entsprechender Größe bereithalten und im Bedarfsfalle außerdem einen Raum für ansteckende Krankheiten herrichten. Nur wenn die Kranken in ein öffentliches Krankenhaus überführt werden können,

---

[1]) M.S.O. s. 31.
[2]) „ „ „ „ 32.
[3]) Gouv.R. S. 23.
[4]) A.V. § 20,2.
[5]) „ „ § 14,1 M.S.O. s. 29.
[6]) „ „ § 13.

ist er von dieser Verpflichtung befreit. Wenn ein solches Krankenhaus sich nicht am Betriebsort befindet, so muß, je nach der Zahl der beschäftigten Arbeiter, wenigstens ein ausgebildeter farbiger Heilgehilfe, ein in der Krankenpflege ausgebildeter europäischer Angestellter oder ein ausgebildeter europäischer Heilgehilfe angestellt werden, deren Tätigkeit von dem Amtsarzt, dem Distriktskommissar oder der örtlichen Verwaltungsbehörde überwacht wird. Um bei Nichterfüllung der Verpflichtung, Arznei bezw. Verbandszeug zu gewähren, von vornherein die Entschuldigung, diese Dinge seien nicht zur Hand gewesen, hinfällig zu machen, ist in D.O.A. dem Arbeitgeber die Anschaffung und Unterhaltung eines ausreichenden Vorrats, auf Betrieben mit über 100 Arbeitern einer Hausapotheke, zur Pflicht gemacht. Auch hierüber hat eine der oben genannten Personen die Aufsicht zu führen.

Die Dauer der Fürsorgepflicht für Kranke erstreckt sich in Br.O.A. auf die Dauer des Arbeitsvertrages; es ist dabei zu beachten, daß der Arbeitgeber bei dauernder Krankheit ein Kündigungsrecht[1]) hat und sich der Fürsorgepflicht dadurch entledigen kann, auch wenn der Vertrag für eine bestimmte Frist abgeschlossen ist. In D.O.A. bestand noch nach der A.V. von 1909 § 13 dieselbe Möglichkeit, der Fürsorgeverpflichtung zu entgehen: bei nichtansteckenden Krankheiten allerdings erst nach drei Wochen, denn bei kürzerer Dauer hatte auch aus § 14,4 der A.V. von 1909 der Arbeitgeber kein Kündigungsrecht. Bei ansteckenden Krankheiten aber war die Kündigung und damit die Abschüttelung der Fürsorgepflicht sofort möglich. Im Gegensatz zu den Bestimmungen in Br.O.A. hatte der Arbeitgeber damals allerdings wenigstens die Pflicht, Arbeitern, die die Kosten der Heimreise nicht tragen konnten, auf seine Kosten in die Heimat zurückzubefördern, einerlei ob die Arbeiter angeworben waren oder nicht. Um sich etwas gegen die im Falle der Mittellosigkeit der Arbeiter nötig werdenden Aufwendungen zu sichern, hatte der Arbeitgeber nach § 8 Satz 2 der A.V. von 1909 ein Zurückbehaltungsrecht am Lohn. Die Verpflichtung zur Rückbeförderung bestand nicht, wenn die Erkrankung nicht die unmittelbare Veranlassung der Heimreise war (A.V. von 1909 § 13,2). Die trotz dieser Vorschriften in der Regelung der Krankenfürsorge liegende Härte gegen die Arbeiter beseitigt in D.O.A. die A.V. von 1913 dadurch, daß sie die Aufenthaltskosten des Arbeiters im Krankenhaus für 6 Wochen über die Dauer des Vertragsverhältnisses hinaus dem Arbeitgeber auferlegt, einerlei, wodurch der Vertrag gelöst wurde.[2]) Ist der Arbeiter schon während der Vertragsdauer auf Kosten des Arbeitgebers in Krankenhausbehandlung gewesen, und ist ihm wegen dieser Krankheit gekündigt worden, so er-

[1]) vgl. S. 67.

[2]) A.V. § 14,2 Satz 1.

mäßigt sich die Dauer der Behandlung, für die der Arbeitgeber nach Auflösung des Vertrages zu zahlen hat, um die Zeit der bereits genossenen Behandlung; sie beträgt jedoch mindestens 3 Wochen.[1]) Etwas abgemildert wird diese sehr weitgehende Belastung des Arbeitgebers durch die Bestimmung, daß er bei Krankheiten, die sich der Arbeiter außerhalb des Betriebes zugezogen hat, die Kosten des Krankenhausaufenthaltes für keine längere Dauer zu tragen braucht, als für die Hälfte der tatsächlich abgearbeiteten Vertragszeit.[2]) Auch für Arbeiter, die zwar nicht in Krankenhausbehandlung, aber bei ihrer Entlassung doch arbeits- oder marschunfähig sind, hat der Arbeitgeber über die Vertragsdauer hinaus zu sorgen: entweder durch Gewährung von Verpflegung bis zur Wiederherstellung der Marschfähigkeit oder, indem er sie auf seine Kosten der örtlichen Verwaltungsbehörde zuführt,[3]) die dann für ihre Wiederherstellung Sorge zu tragen hat; einen anderen Zweck kann die Zuführung nicht haben; hier ist implicite ein Anspruch des Arbeiters auf öffentliche Fürsorge festgestellt,[4]) wobei allerdings die Frage offen gelassen ist, ob sie unentgeltlich zu gewähren ist.

In Br.O.A. ist die durch das Kündigungsrecht des Arbeitgebers ziemlich illusorische Fürsorgepflicht nicht entsprechend ausgestaltet.

Der Tod eines Arbeiters ist unter Angabe seines Namens, Stammes, der Todesursache (die in Br.O.A. möglichst durch ärztliche Bescheinigung zu beurkunden ist), der örtlichen Verwaltungsbehörde (in D.O.A. vorzüglich dem Distriktskommissar) anzuzeigen. Ausstehender Lohn und sonstiges Eigentum des Verstorbenen sind dem Beamten zum Zwecke der Nachlaßordnung zur Verfügung zu stellen.[5]) Bei Gewerbebetrieben in D.O.A bezieht sich die Anzeigepflicht auch auf erhebliche Körperverletzungen.[6])

Erscheint so der Arbeitgeber überall als Träger der Fürsorgepflicht für die eingeborenen Arbeiter, so hat diese doch auch öffentlich-rechtlichen Charakter. Auf den Vertrag können die Verpflichtungen, die sich auf die Zeit nach seiner Auflösung beziehen, nicht gegründet werden; außerdem erhellt ihr öffentlich-rechtlicher Charakter aus dem weitgehenden Aufsichts- und Besichtigungsrecht der öffentlichen Organe[7]) und der Bedrohung der Verletzung der Fürsorgepflicht mit Verwaltungsstrafen.[8]) Ein geringer, eigentlich nur verwaltungstechnischer Unterschied des Rechtszustandes in den beiden Kolonien besteht darin, daß in D.O.A. die Verpflichtung zur

---

[1]) A.V. § 14,2 Satz 2.
[2]) „ „ § 14,2 „ 3.
[3]) „ „ § 15 Satz 3.
[4]) a. A: Claß, S. 58.
[5]) A.V. § 15 S. 2 M.S.O. s. 30.
[6]) Uf.V. § 4.
[7]) A.V. § 24, 2 u. 3 M.S.O. s. 65.
[8]) „ „ § 22 M.S.O. s. 55,4.

Gewährung von Verpflegung und Decken nicht unmittelbar als öffentlich rechtliche Verbindlichkeit des Arbeitgebers anzusehen ist, während in Br.O.A. sogar die Innehaltung der vertraglichen Abmachungen über die Art der gesetzlich zu gewährenden Verpflegung, Decken und sonstigen Gegenständen durch Bedrohung mit Verwaltungsstrafen für den Fall der Verletzung zur öffentlich-rechtlichen Pflicht gemacht ist.[1]) In der deutschen Kolonie entsteht aus solcher Verletzung der Arbeitgeberpflicht zunächst nur ein privatrechtlicher Anspruch des Arbeiters. Aber die im Vergleich zu der Regelung in der M.S.O. schärferen Machtbefugnisse geben der Aufsichtsbehörde die Möglichkeit, die Erfüllung auch dieser Verpflichtung zu verfügen und durch Androhung von Strafe zu erzwingen. In dem Augenblick, wo solche Verfügung der Behörde ergeht, wird auch in diesem Falle die Verbindlichkeit des Arbeitgebers öffentlich-rechtlich.

§ 5. Arbeiterdisziplin.

Der besonderen Fürsorgepflicht des Arbeitgebers entspricht eine besondere Treupflicht des Arbeitnehmers. Dieses von Dernburg als Charakteristikum des deutschen Dienstvertrages aufgestellte Merkmal finden wir auch in dem britischen contract of master and servant, und es zeigt sich in D.O.A beim Arbeitsvertrag, ist also dort nicht nur dessen Unterart — dem Dienstvertrag — eigen. Die Beobachtung dieser Treuverpflichtung wird durch Bedrohung ihrer Verletzung mit Strafe und durch besondere Kontrollvorschriften gesichert.

Zivilrechtlich haftet der Arbeiter nach den allgemeinen Grundsätzen für den Schaden, den er dem Arbeitgeber durch Kontraktbruch oder auf andere Weise zufügt. Diese Schadenersatzpflicht ist, wie wir oben (Seite 69, 70) sahen, durch besondere Bestimmungen gesichert (Zurückbehaltungsrecht des Arbeitgebers bezw. Aufrechnungsbefugnis des Richters), da erfahrungsgemäß der Zugriff in das Vermögen des Eingeborenen, soweit er es in Besitz hat, sehr erschwert ist. Um nun die Folgen des Kontraktbruchs für den Eingeborenen auf jeden Fall — d. h. auch wenn privatrechtlicher Schadenersatz von ihm nicht zu erreichen ist — nachteilig zu machen und ihn davon abzuschrecken, ist in beiden Kolonien, gemäß dem im Jahre 1895 auf der Tagung des Institut Colonial International aufgestellten Grundsatz,[2]) auch eine strafrechtliche Verantwortung der eingeborenen Arbeiter für den Kontraktbruch begründet.

Als Kontraktbruch ist jede erhebliche Verletzung des Arbeitsverhältnisses anzusehen; vor allem die Desertion. In beiden Schutzgebieten wird eine schwerere Art der Kontraktsverletzung von einer leichteren unterschieden, und dementsprechend werden verschieden harte Strafen angedroht. Nach der Str.V. von 1896 § 17 wird bestraft:

[1]) M.S.O. s. 55,3.
[2]) Vgl. v. Stengel, S. 252/253; dazu Claß, S. 60/61.

jede erhebliche Verletzung der vertraglichen Pflichten, ferner Trägheit und Widersetzlichkeit des Arbeitnehmers, soweit nicht die Bestimmungen der Ktrbr.V. von 1909 § 1 Platz greifen. Der Straftatbestand nach der neuen V. liegt vor, wenn der Arbeiter auch bei formlos abgeschlossenen Arbeitsverträgen von höchstens einmonatiger Dauer[1]) seine vertraglichen Verpflichtungen nicht nur mangelhaft, sondern überhaupt nicht ausführt, z. B. im Falle der Desertion, Arbeitsverweigerung oder unberechtigter Kündigung eines auf bestimmte Zeit geschlossenen Arbeitsvertrages. Vor Erlaß dieser Verordnung war die „unberechtigte Aufgabe des Dienstverhältnisses“ auch bei langfristigen Verträgen nur mit der geringen Disziplinarstrafe auf Antrag des Auftraggebers bedroht; seit 1909 bezieht sich diese nur noch auf die übrigen, geringeren Verletzungen des Arbeitsvertrages insbesondere auch auf die vertragswidrige, vorübergehende Entfernung vom Arbeitsort.[2]) Die Nichterfüllung der Verpflichtung, mindestens 20 Tage im Monat zu arbeiten, kann auch ohne Antrag des Dienstherrn bestraft werden.[3]) Claß' Ansicht[4]), diese Einschränkung der Geltung der Str.V. sei schon durch den § 17 der Aw.V. von 1909 erfolgt, ist unrichtig. Der letztgenannte Paragraph bedroht nicht Vertragsbruch durch den Arbeiter, sondern die Verleitung dazu bezw. die Einstellung eines vertragsbrüchigen Arbeiters.

Im britischen Schutzgebiet besteht ebenfalls ein Unterschied in der Strafandrohung für „Nichtausführung“ und „Verletzung“ der Vertragspflichten.[5]) Jedoch ist hier die Arbeitsverweigerung, sei es schon vor Beginn, sei es im Laufe der Vertragsdauer, mit geringerer Strafe bedroht als die Desertion.[6]) Wichtig ist hier der Grundsatz der britischen Rechtsprechung, daß Desertion unter Berufung auf schlechte Behandlung durch den Arbeitgeber nicht strafbar ist.[7]) Man sieht darin wohl nur eine Form der Kündigung ohne Frist. In D.O.A. bedarf es auch in diesem Falle des Entlassungsantrages, was allerdings zu Härten führen kann. Die kriminelle Haftung des Eingeborenen bezieht sich nach britisch-ostafrikanischem Recht nicht nur auf die unmittelbar aus dem Vertrage eingegangenen Pflichten, sondern die besondere Treupflicht des Arbeiters geht hier so weit, daß auch absolute Rechte des Arbeitgebers gegenüber Verletzungen durch den Arbeitnehmer durch besondere Strafvorschriften geschützt werden. So vor allem das Eigentum; und zwar wird schon die unberechtigte Benutzung durch den

1) Vgl. Claß, S. 64, der allerdings S. 34 anderer Ansicht ist.
2) „ Ktrbr. Rd. Erl.
3) A.V. § 4. Vgl. Gouv.R. S. 19 u. 20.
4) Claß, S. 63.
5) M.S.O. s. 48,5 gegen s. 47,2, 3, 4, 7.
6) „ „ „ „ 48,5 „ „ 47,1, 4.
7) E.A.L.R. III, S. 109.

Arbeiter mit der geringeren,[1]) jede Schädigung und sogar die versäumte Verhinderung einer Schädigung durch Dritte mit der härteren Strafe bedroht.[2]) Besonders bemerkt ist bei allen diesen Vorschriften, daß Trunkenheit kein Entschuldigungsgrund ist. Allein der britisch-ostafrikanischen Gesetzgebung eigentümlich ist auch die Bedrohung des Gebrauchs frecher oder beleidigender Sprache gegenüber dem Arbeitgeber oder solchen Personen, denen dieser Autorität über den eingeborenen Arbeiter gegeben hat.[3]) Sämtliche Strafen werden auf Antrag verhängt, der unverzüglich nach Kenntnisnahme des Delikts zu stellen ist.[4])

Bei der weitaus größeren Zahl der als Straftatbestände festgestellten Rechtsverletzungen und den härteren Strafdrohungen ist es nur billig, daß in Br.O.A. die Bestrafung jedesmal erst nach einem gerichtlichen Verfahren erfolgen kann, während in D.O.A. die geringeren Strafen auf dem Disziplinarwege verhängt werden können.

Das Strafmaß ist in beiden Kolonien im Laufe der Zeit verschärft worden, da es sich herausstellte, daß die den Eingeborenen zugute kommenden Schutzvorschriften ein energischeres Gegengewicht in Gestalt von Sicherungen ihrer Treuverpflichtung erheischten, um das Gleichgewicht der Rechtslage herzustellen.

Während in D.O.A. ursprünglich für jede Vertragsverletzung Kettenhaft bis zu 14 Tagen und damit verbunden oder allein körperliche Züchtigung angedroht war, erhöhte die Ktrbr.V. von 1909 die Kettenhaft für die Entziehung von vertraglich übernommenen Pflichten auf höchstens drei Monate und läßt außerdem Geldstrafe zu. Die nach der A.V. von 1909 § 16,2 gegebene Möglichkeit, den Arbeiter auf Antrag des Arbeitgebers die Freiheitsstrafe auf dem betreffenden Betriebe unter Fortbestand seiner Verpflichtung zur Arbeit verbüßen zu lassen, wofür ihm zwar Anspruch auf Verpflegungsgeld bezw. Naturalverpflegung, aber nicht auf Arbeitslohn zustehen sollte, ist durch die A.V. von 1913 aufgehoben, da die Anwesenheit von Kettengefangenen auf Pflanzungen den Zuzug freier Arbeiter erschwere.[5]) Auch in Br.O.A. ist die Strafe für die ernsteren Verletzungen der Rechte des Arbeitgebers, die noch nach den M.S.O. von 1906 und 1910 mit Geldstrafe bis zum Betrage eines doppelten Monatslohnes, im Falle der Nichtzahlung mit Gefängnis bis zu 2 Monaten bedroht waren, in letzter Zeit dahin verschärft worden, daß Geldstrafte bis 75 Rp. bezw. höchstens 6 Monate Gefängnis verhängt werden können. Mit der Gefängnisstrafte kann Zwangs-

[1]) M.S.O. s. 47,5.
[2]) „ „ „ „ 48,1/4.
[3]) „ „ „ „ 47,6.
[4]) „ „ „ „ 54, u. Str.G.B. § 61 ff.
[5]) Gouv.R, S. 31.

arbeit verbunden werden.[1]) Eine Verschärfung gegenüber dem ordentlichen Strafverfahren liegt in der Bestimmung, daß bei der Anklage auf Desertion der Beschuldigte ohne Haftbefehl verhaftet werden darf.[2]) Für die leichten Vertragsverletzungen ist Geldstrafe bis zur Höhe eines Monatslohns bezw. Gefängnis mit oder ohne Zwangsarbeit bis zu einem Monat angedroht.[3])

Um die Arbeitgeber gegen Desertion zu schützen, die von den Arbeitern vielfach nur auf Verlockungen gewissenloser Elemente hin begangen wird, ist in beiden Kolonien auch die Verleitung zur Desertion mit Strafe bedroht. Der Ausdruck „Bruch der Arbeitsverpflichtung" in D.O.A.[4]) bedeutet allerdings mehr als bloße Desertion; er bezieht sich auf jede Art der vollständigen Verweigerung der Erfüllung der Vertragspflicht, während in Br.O.A. nur das „Verlassen des Dienstes" bestraft wird.[5]) Strafbar macht sich ferner in D.O.A. wie in Br.O.A., wer einen Arbeiter, von dem er weiß, daß er seinen Arbeitsvertrag in dieser Weise gebrochen hat, aufnimmt. Einige Unterschiede bestehen darin, daß in D.O.A. der planmäßige Versuch strafbar ist — in Br.O.A. wird nur der Versuch zur Verleitung eines Lehrlings bedroht —, und daß auch fahrlässige Unkenntnis von dem Kontraktbruch in D.O.A. genügt. Ferner erfüllt in der deutschen Kolonie die bloße Gewährung von Unterkunft, selbst die Beschäftigung des Arbeiters im eigenen Betrieb nur, wenn sie in gewinnsüchtiger Absicht[6]) erfolgt ist, was in Br.O.A. nur gefordert wird, wenn es sich um die Verleitung eines Lehrlings handelt.

Die Strafe beträgt in D.O.A. für Weiße: Gefängnis bis zu 3 Monaten oder Geldstrafe bis zu 3000 Rp. oder beides; für Eingeborene und rechtlich gleichgestellte Farbige: statt Gefängnis Kettenhaft, außerdem ist körperliche Züchtigung zulässig.[7]) In Br.O.A. ist ohne Rücksicht auf die Rasse oder Farbe des Schuldigen primär Geldstrafe bis 100 Rp., im Falle der Nichtzahlung Gefängnis bis zu 2 Monaten mit oder ohne Zwangsarbeit angedroht. Für Verleitung eines Lehrlings zum Verlassen des Dienstes oder den Versuch dazu ist Gefängnis bis zu 3 Monaten bezw. Geldstrafe bis 250 Rp. angedroht.[8]) Körperliche Züchtigung ist hier, wie in allen anderen Straffällen, nur bei jugendlichen Delinquenten (unter 16 Jahren) nach dem Ermessen des Gerichts an Stelle von Gefängnis zu verhängen.[9])

---

[1]) M.S.O. s. 48 vbdn. m. M.S.A.O. 1916 s. 3.

[2]) M.S.A.O. 1916 s. 2 contra I. Cr. Pr. s. 554 vbdn. m. Anhang II daselbst, in dem Desertion nicht als „cognisable offence" aufgeführt wird.

[3]) M.S.O. s. 47.

[4]) A.V. § 23, 1 Z. 1.

[5]) M.S.O. s. 15.

[6]) A.V. § 23, 1 Z. 2.

[7]) Ktrbr.V. § 2.

[8]) M.S.O. s. 22.

[9]) „ „ „ „ 46.

Das Br.O.A.-Recht sichert den Arbeitgeber aber noch weiter gegen Verletzungen der Treupflicht durch den Arbeiter. Eingangs dieses Abschnittes wurde die zivilrechtliche Haftung des Arbeiters für Schaden aus dem Kontraktbruch festgestellt. Nun kann in Br.O.A. nach dem Ermessen des Beamten, der die Klage zu entscheiden hat, der Schadenersatzpflichtige, der es unterläßt, auf Aufforderung des Beamten statt Ersatzleistung Erfüllung des Vertrages zu gewähren (z. B. der Deserteur, der die Wiederaufnahme der Arbeit verweigert), mit Gefängnis bestraft werden, bis er die Erfüllung gewährleistet, aber nicht über 3 Monate.[1]) Auch wenn die Erfüllung gar nicht auferlegt wird, kann das Gericht, sofern es die Überzeugung hat, daß Leistung von Schadenersatz unmöglich oder geldliche Entschädigung überhaupt den Umständen des Falles nicht entsprechend ist, die schuldige Partei mit höchstens 200 Rp. Geldstrafe bezw. Gefängnis bis zu einem Monat belegen.[2]) Ein solcher strafrechtlicher „Ersatz" der zivilrechtlichen Haftung ist wohl zu unterscheiden von dem außerdem neben der vertragsrechtlichen Verantwortlichkeit bestehenden Strafbarkeit des Kontraktbruches.

Die rechtlichen Vorschriften, die eine Überwachung der Eingeborenen betreffen, haben ihren Ursprung außer in allgemeinen polizeilichen Gesichtspunkten in dem Bestreben, über die persönlichen und dienstlichen Verhältnisse der Eingeborenen unterrichtet zu sein, die in Rechtsbeziehungen zu den Europäern treten, also vor allem der Arbeiter. So ist denn auch in Br.O.A., — wo die Gesetzgebung im Punkte des Schutzes der Arbeitgeber schärfer durchgreift als die in D.O.A. — der Paßzwang zunächst für häusliche Dienstboten mit Kontrakten von länger als einmonatiger Dauer eingeführt und im Laufe des Weltkrieges auf sämtliche Eingeborenen ausgedehnt; während in D.O.A. die Db.V., die ursprünglich alle gegen Monatslohn beschäftigten farbigen Arbeiter eines Weißen zur Führung eines Dienstbuches verpflichten sollte,[3]) in der Praxis nur für häusliche und persönliche Diener durchgeführt ist. Erst die A.V. von 1913 sieht das Recht des Gouverneurs vor, den Arbeitgebern die Erteilung von Entlassungsscheinen bei Auflösung des Arbeitsverhältnisses aufzuerlegen. Diese Scheine vertreten dann etwa die Stelle der Dienstbücher bezw. Pässe der häuslichen Arbeiter.[4])

Für alle Kontrollpflichtigen besteht ein Zwang zur Angabe der Personalien und körperlichen Merkmale[5]) bei der Behörde, die hierüber eine Bescheinigung (certificate, Dienstbuch) auszustellen hat.[6])

---

1) M.S.O. s. 45,1c.
2) „ „ „ „ 45,1c, d.
3) Db.V. § 1/2.
4) A.V. §§ 16 und 17.
5) Db.V. § 6; D.S.O. s. 5; Nat.R.O. s. 5.
6) „ „ § 4; „ „ „ „ 8; D.S.O. s. 3 u. 4.

Von der Eintragung als häusliche Dienstboten sind solche Eingeborenen ausgeschlossen, die der Behörde als strafrechtlich oder moralisch nicht einwandfrei erscheinen.[1]) In Br.O.A. kann sie auch trotzdem erfolgen, wenn der Dienstherr bei Kenntnis der vorliegenden Bedenken es beantragt.. Bei häuslichen Dienstboten hat der Dienstherr in der britischen Kolonie die Pflicht, für die ordnungsgemäße Meldung zu sorgen.[2]) Die Bescheinigungen sollen neben den Personalien auch alle wichtigen Angaben über etwaige Dienst- und Arbeitsverhältnisse von der Hand der Arbeitgeber enthalten (Daten von Anstellung und Entlassung, Lohnhöhe, Grund der Entlassung und dergl.)[3]) Die Meldelisten für häusliche Dienerschaft werden in Br.O.A. entsprechend ergänzt,[4]) nicht so die allgemeinen Paßregister und auch nicht die Dienstbuchregister in D.O.A. Dagegen darf dort der Inhalt der Bescheinigungen, die nicht die vorgeschriebenen Eintragungen über evtl. Entlassung durch den Arbeitgeber enthalten, nach Ermessen der Behörde ergänzt werden, sofern sie annimmt, daß den Eingeborenen an dem Unterbleiben der Eintragung keine Schuld trifft. Eine solche behördliche Ergänzung kann aber niemals als Verteidigung gegen eine Desertionsklage verwendet werden.[5]) Bei Verzug von einem Bezirk in den andern haben die eingeborenen Arbeiter sich umzumelden.[6]) Um evtl. Deserteure leichter feststellen zu können, sollen auch die Arbeitgeber bei Vermeidung von Strafe kein Personal einstellen, das nicht die vorgeschriebene Bescheinigung vorweist.[7]) Eine Verletzung dieser Verpflichtung wird immer den Verdacht der Unterstützung eines evtl. Kontraktbruches bekräftigen, indem es nämlich dann dem Arbeitgeber obliegt, besonderen Beweis dafür zu erbringen, daß er trotz dem Fehlen der Bescheinigung guten Grund gehabt habe, das Nichtbestehen eines Kontraktes des Arbeiters mit einem Dritten anzunehmen. In D.O.A. gilt dies unmittelbar nur für Verträge mit häuslichen Dienstboten von mehr als einmonatiger Dauer. Bei gewöhnlichen Arbeitern ist es einer Gouvernementsverordnung vorbehalten, für einzelne Bezirke beim Abschluß des Vertrages die Vorlegung eines Personalausweises durch den Arbeiter zu fordern.[8]) Dafür kämen besonders in Betracht: Steuerquittungen und Entlassungsscheine des früheren Arbeitgebers, zu deren Ausgabe bei Beendigung des Arbeitsverhältnisses ebenfalls durch Gouverneursverordnung angehalten werden kann.[9]) Diese Befugnisse des Gouverneurs ermöglichen es, auch ohne vollkommene

---

[1]) Db.V. § 4; D.S.O. s. 9.
[2]) D.S.O. s. 4.
[3]) Db.V. § 7; D.S.O. s. 4, 5, 6, 12; Nat.R.O. s. 8.
[4]) D.S.O. s. 13.
[5]) Nat.R.O. s. 10.
[6]) Db.V. § 8; Nat.R.O. s. 3 Satz 2.
[7]) „ „ § 3; D.S.O. s. 10; Nat.R.O. s. 14 Ziffer 8.
[8]) A.V. § 17.
[9]) „ „ § 16.

Einführung des Paßwesens, eine scharfe Überwachung der eingeborenen Arbeiter zwecks Unterbindung des Desertionsunwesens einzurichten. Für die Bezirke Tanga,-Pangani, Wilhelmstal, Morogoro, Daressalam, Moschi, Lindi sind dahingehende Ausführungsverordnungen des Gouverneurs erlassen worden.[1])

Die Verletzungen der sämtlichen Überwachungsvorschriften sind in beiden Kolonien mit Strafe bedroht.[2])

Kap. 7. **Zuständigkeit und Rechtsanwendung bei Prozessen über Arbeiterrecht.**

In beiden Kolonien ist für Arbeitersachen — in D.O.A. allerdings ausgenommen die aus der Anwerbung hervorgehenden Streitsachen — eine besondere Zuständigkeit geschaffen worden. Zunächst ist das Organ, zu dessen Obliegenheiten die Überwachung des Arbeiterwesens gehört, auch in Streitfällen auf diesem Gebiet zuständig: in D.O.A. der Distriktskommissar,[3]) in Br.O.A. der Friedensrichter.[4]) Während aber der Distriktskommissar auch zur Entscheidung, bei vermögensrechtlichen Ansprüchen nur sofern sie gegen den Eingeborenen gerichtet sind, befugt ist, hat der Friedensrichter nur das Recht, die Klage anzunehmen und den Beklagten bezw. Angeschuldigten vorzuladen, und er muß die Sache an ein Gericht überweisen.[5]) Wenn nun auch in Br.O.A. dem berufenen Vertreter der Arbeiterinteressen keine so weitgehende Zuständigkeit eingeräumt ist, wie in der deutschen Kolonie, so hat man dort auch für die Entscheidung solcher Streitsachen eine besondere Zuständigkeit begründet: indem man ohne Rücksicht auf den Wert des Streitgegenstandes,[6]) der sonst für die Verteilung der Zuständigkeit auf die Gerichte der verschiedenen Klassen ist, den Gerichten erster oder zweiter Klasse — d. h. Provinzial- oder Bezirkskommissaren — die Entscheidung der Arbeitersachen übertrug und ihnen zu diesem Zwecke besondere Machtvollkommenheiten zusprach[7]) (vgl. besonders oben Seite 70). Örtlich wird der Gerichtsstand durch den Aufenthaltsort des Beklagten bestimmt, während im allgemeinen der Grundsatz des forum rei sitae bezw. des forum domicilii maßgebend ist.[8])

In beiden Schutzgebieten besteht aber neben dieser außerordentlichen noch die Zuständigkeit der ordentlichen Gerichte. In D.O.A.

---

[1]) Ausf.V. z. A.V. v. 9. 9. 1913 (A.A. 1913, S. 127).
„ 23. 4. 1914 („ „ 1914, „ 96).
„ 3. 6. 1914 („ „ 1914, „ 126).
[2]) Ob.V. § 10; A.V. § 22; D.S.O. s. 19; Nat.R.O. s. 14.
[3]) A.V. § 24,1.
[4]) M.S.O. s. 40.
[5]) „ „ „ „ 42.
[6]) C.O. s. 19.
[7]) M.S.O. s. 45.
[8]) „ „ „ „ 41 verglichen mit C.O. s. 6.

ist dies erst durch die neue A.V. durchgeführt[1]); die A.V. von 1909 § 18,1 bestimmte noch die ausschließliche Zuständigkeit der Distriktskommissare. Auch in Br.O.A. ist die Möglichkeit, Arbeitersachen vor die ordentlichen Gerichte zu bringen, ausdrücklich vorbehalten. Das außerordentliche Gericht kann sogar vor der Urteilsfällung anordnen, daß evtl. Rechtsmittel[2]) gegen dieses Urteil auf dem gewöhnlichen Wege vorgebracht werden können. Für die zweite Instanz treten dann also die gewöhnlichen Zuständigkeitsbestimmungen in Kraft, und es scheiden vor allem die besonderen Befugnisse aus der M.S.O. s. 45 aus. Daraus folgt, daß auch in zweiter Instanz die außerordentlichen Verfahrensvorschriften grundsätzlich anzuwenden sind, wenn nicht in erster Instanz die Wiedereinsetzung der Gültigkeit der ordentlichen Vorschriften ausdrücklich beschlossen wird.

In D.O.A. besteht die außerordentliche Zuständigkeit nur für die erste Instanz. Die in erster Instanz nebenher, in zweiter allein in Betracht kommende ordentliche Zuständigkeit wird nach deutsch-ostafrikanischer Praxis dadurch bestimmt, daß Streitsachen, an denen Weiße beteiligt sind, stets vor das Bezirksgericht gehören.[3]) Diese Praxis steht zwar in Widerspruch mit der herschenden Ansicht, die in diesem Falle „aus allgemeinrechtlichen Gesichtspunkten" den Gerichtsstand des Beklagten entscheiden läßt.[4]) Die Durchführung dieses Grundsatzes würde dazu führen, daß der Arbeitgeber eine Klage gegen den Arbeiter vor dem Bezirksamtmann erheben müßte und erst in zweiter Instanz damit vor ein Gericht — das Obergericht — gelangen könnte. Damit würde aber gegen einen Grundsatz der Kolonialpolitik verstoßen: die Gewöhnung der Eingeborenen an europäische Rechtsanschauungen, wenigstens soweit sie mit Weißen in Rechtsverkehr treten.

Dieser Grundsatz muß auch die Frage entscheiden, welches Recht in Arbeitersachen gelten soll. In Br.O.A. ist dies selbstverständlich, da das britische Recht dem Briten überall hinfolgt (vgl. die Einleitung Seite 10). Für D.O.A. will die herrschende Meinung das anzuwendende Recht in Überspannung der allgemein-rechtlichen Grundsätze von dem Gerichtsstand abhängig machen. Mit Recht betont Claß,[5]) daß hieraus nicht die Möglichkeit konstruiert werden darf, den Europäer, der einen Eingeborenen verklagt, nach Eingeborenen-Recht zu beurteilen. Da in D.O.A. alle gemischten Prozesse vor dem Europäergericht verhandelt werden, so gilt auch in Verfolg des obigen Grundsatzes das Europäerrecht. Von Hoffmann will als Konsequenz seiner Ansicht, daß Eingeborene nur vor dem

1) A.V. § 24,1.
2) M.S.O. s. 44.
3) v. Weickhmann, Kol. Kgr. 1910, S. 471.
4) Gerstmeyer, S. 26; v. Hoffmann Einführung; S. 175.
5) vgl. Claß, S. 71.

Eingeborenengericht verklagt werden dürfen, der Europäer aber nicht dem Eingeborenenrecht zu unterwerfen sei, für gemischte Prozesse vor dem Eingeborenengericht das Prinzip der Personalität des Rechtes anwenden.[1]) Wir schließen uns der Ansicht von Claß an[2]), daß bei dem Nebeneinanderbestehen von Rechtsordnungen verschiedener Kulturhöhe die höherstehende in jedem Konfliktsfalle auch die allein geltende sein muß. Gemildert wird dieser Grundsatz in den ostafrikanischen Schutzgebieten durch die Beschränkungen, der die Geltung der bezüglichen heimischen Rechtsordnungen unterworfen sind. Dies wird für das deutsche Schutzgebiet durch § 20 des K.G.G. ausgesprochen, während in der englischen Kolonie der bereits zitierte Grundsatz des britischen Kolonialrechtes anzuwenden ist: „English colonists carry with them only so much of the English Law as is applicable to their own situation and the condition of an infant colony".[3])

Als Besonderheit im Arbeiterprozeß ist noch zu erwähnen, daß in D.O.A. den eingeborenen Arbeitern ein gesetzlicher Vertreter in der Person des Distriktskommissars bestellt ist. Der eingeborene Arbeiter in Br.O.A. hat keinen gesetzlichen Beistand, der die prozeßrechtlichen Handlungen für ihn vorzunehmen befugt ist. Dort ist aber durch die eigenartige Stellung des Richters in dem außerordentlichen Verfahren eine gewisse Garantie für die genügende Berücksichtigung der Interessen der eingeborenen Arbeitnehmer geschaffen. Das ursprünglich zur M.S.O. von 1906 erlassene, aber für die gleichlautenden Bestimmungen der neuen M.S.O. immer noch wichtige und in den Urteilen des High Court in Mombassa häufig angeführte „Circular to Magistrates" von 1907 legt den schon erwähnten (siehe oben Seite 70) besonderen Vollmachten des Richters folgende Bedeutung bei: „Es soll sein erstes Bestreben sein, alle Streitigkeiten aus dem Arbeitsvertrag schiedlich beizulegen und nur zur Entscheidung durch Urteil zu schreiten bezw. von seiner Strafbefugnis Gebrauch zu machen; wenn dieses Bemühen ohne Erfolg bleibt, oder der Fall so liegt, daß eine Bestrafung offenbar erforderlich ist".[4])

Auch ist das ganze Verfahren, daß zwar grundsätzlich nach der anglo-indischen S t r a f prozeßordnung eingerichtet ist[5]), insofern wieder dem z i v i l e n Verfahren angenähert — wohl hauptsächlich mit Rücksicht auf weiße Beteiligte — als z. B. der Angeklagte in eigener Sache Zeuge sein kann. Auch in Äußerlichkeiten, wie die Befreiung des Angeklagten vom Sitzen auf der Anklagebank, wird von den Vorschriften des Strafverfahrens abgewichen.[6]) Sehr

---

[1]) v. Hoffmann, Einführung S. 72.
[2]) Claß S. 72.
[3]) vgl. oben S. 11, Anmerkung 1.
[4]) C.M. s. 4/6; vgl. auch E.A.L.R. II s. 25.
[5]) M.S.O. s. 45,3.
[6]) „ „ „ 56, 57 vgl. C.M. s. 2.

wichtig ist auch die Vorschrift, daß der Richter in jedem Prozeßstadium, wenn nach seiner Überzeugung selbst dieses „quasi criminal"-Verfahren „der Gerechtigkeit nicht Genüge tut", zum Zivilprozeß übergehen kann.[1])

Kap. 8. **Die Ausfuhr eingeborener Arbeiter.**

Da die ostafrikanischen Schutzgebiete im Verhältnis zu ihrer Größe nicht sehr dicht bevölkert sind, müssen die Regierungen darauf sehen, daß die knappe Zahl der zur Verfügung stehenden Arbeitskräfte nicht dadurch vermindert wird, daß Interessenten durch besondere Maßnahmen die Eingeborenen zum Verlassen des Schutzgebietes veranlassen, um außerhalb desselben Arbeitsverhältnisse einzugehen.

Die Auswanderung an sich ist den Eingeborenen beider Schutzgebiete unverboten. Dagegen ist die Anwerbung von Arbeitern zur Ausfuhr aus den betreffenden Kolonien besonderen einschränkenden Vorschriften unterworfen. In D.O.A. kann der Gouverneur sie nach seinem Gutdünken gestatten oder verbieten. Bedingung für die Erlaubnis ist stets, daß die Rückkehr der betreffenden Personen, die angeworben werden sollen, nach D.O.A. gewährleistet ist.[2]) In Br.O.A. ist ebenfalls kein absolutes Verbot erlassen. Doch wird dort schon der Versuch, eine Person zum Verlassen des Protektorates in Hinblick auf die Eingehung eines Arbeitsverhältnisses zu veranlassen, oder die Beihülfe bei der Anstellung eines so veranlaßten Arbeiters nur gestattet, wenn ein „Vertrag für auswärtigen Dienst" (foreign contract of service) geschlossen wird.[3]) Betroffen ist also nicht nur die unmittelbare Anwerbung, sondern auch jede weitere vorbereitende und unterstützende Handlung, also entsprechend dem deutschen juristischen Sprachgebrauch das „Unternehmen". Der Tatbestand entspricht ungefähr dem in der Aw.V. von 1909 § 18 mit Strafe Bedrohten: Das Unternehmen der Verleitung zur Auswanderung, aber — anders als im britisch-ostafrikanischen Recht — ohne Rücksicht darauf, ob es zum Zwecke der Verdingung in ein Dienstverhältnis geschieht. Die neue Aw.V. hat sich auf das grundsätzliche Verbot der Anwerbung zum Zwecke der Ausfuhr mit Erlaubnisvorbehalt beschränkt.

Der foreign contract of service, der in Br.O.A. abgeschlossen werden muß, unterliegt besonderen Formvorschriften. Er muß ohne Rücksicht auf seine Geltungsdauer schriftlich sein[4]) und kann nur geltend gemacht werden, wenn die Verwaltungsbehörde ihn beglaubigt und bescheinigt hat.[5]) Die Beglaubigung ist abhängig von der Zustimmung des Gouverneurs, die dieser in jeden Fall verweigern

[1]) M.S.O. s. 45,4.
[2]) Aw.V. § 2.
[3]) M.S.O. s. 9,1.
[4]) „ „ „ „ 3,1.
[5]) „ „ „ „ 5,1.

kann.[1]) Inhaltlich unterscheidet der foreign contract of service sich vom gewöhnlichen Arbeitsvertrag durch die Bestimmung, daß er eine Verpflichtung des Arbeitgebers zur Gewährung der freien Rückbeförderung des Arbeiters an den Anwerbeort enthalten soll.[2]) Ferner kann die Behörde von dem Arbeitgeber die Stellung einer besonderen Sicherheit für die Innehaltung des Vertrages fordern; handelt es sich um auswärtige Arbeitgeber, so ist die Gewährung der Sicherheitsleistung zwingende Vorschrift.[3]) Bei der Auflösung eines solchen „auswärtigen" Arbeitsvertrages ist die Innehaltung von Kündigungsfristen vorgeschrieben. Diese betragen bei Verträgen mit mindestens monatlicher Lohnzahlung einen Monat, bei wöchentlicher Lohnzahlung einen Tag bis zum Tage der Auflösung.[4])

---

[1]) M.S.O. s. 5,2.
[2]) „ „ „ „ 6,e.
[3]) „ „ „ „ 8.
[4]) „ „ „ „ 12,b.

C. Die Einfuhr fremder farbiger Arbeiter.

Die Darstellung der Rechtsverhältnisse der eingeborenen Arbeiter bedarf zur Ergänzung wenigstens eines Hinweises auf die rechtliche Lage von eingeführten farbigen Arbeitern, denn in beiden Schutzgebieten hat die Knappheit an eingeborenen Arbeitskräften zuweilen zur Einfuhr farbiger Arbeiter aus anderen Ländern geführt. In D.O.A. wurden in den 90. Jahren chinesische und javanische Kulis eingeführt, und es wurde, zuletzt 1895, eine „Bestimmung des Gouverneurs über die Behandlung ostasiatischer Arbeiter" erlassen. Sie ist zwar noch in Kraft, aber ohne große praktische Bedeutung, da der Versuch mit der Einfuhr der Ostasiaten kein Erfolg war und sich nicht zu einer dauernden Einrichtung entwickelte.[1]) Der Inhalt der Bestimmung gliedert sich hauptsächlich in Quarantäne-Vorschriften bei Ankunft der Arbeiter, Vorschriften über die Unterkunftsräume am Landungs- und Arbeitsort, Beschränkung der Vorschuß-Gewährung, Disziplinargewalt der Arbeitgeber. Besonders hervorzuheben ist § 24, der dem Gouverneur das Recht vorbehält, Verträge, „die den bestehenden Gesetzen oder den Forderungen der Humanität widersprechen, entsprechend abzuändern.

Im britischen Schutzgebiet wurde zeitweilig auch an amtlicher Stelle die Einfuhr von Eingeborenen aus Nyassaland erörtert. Doch zerschlugen sich dahingehende Vorschläge stets an dem Widerstand der Arbeitgeberkreise, denen die Lohnforderungen der ungelernten fremden Arbeiter zu hoch waren.[2]) Wichtiger ist die Versorgung des britischen Schutzgebiets mit gelernten Arbeitern aus dem zweiten großen Bevölkerungsüberschußgebiet der Welt: Indien, die z. B. als Pflüger vielfach Verwendung finden.

Für sie hauptsächlich kommt die Bestimmung der M.S.O.[3]) in Betracht, nach der Ansprüche aus Verträgen, die außerhalb des Protektorats eingegangen sind, so geltend gemacht werden können, wie wenn die M.S.O. nicht in Kraft wäre. Wenn jedoch ein solcher Vertrag in Übereinstimmung mit den Vorschriften der M.S.O. geschlossen ist, dann soll er auch nach ihren Bestimmungen geltend gemacht werden. Im übrigen, besonders, was die Schutzvorschriften für die fremden Arbeiter angeht, ist auf die Geltung der Indian Emigration Act hinzuweisen.[4])

[1]) vgl. Claß, S. 82.
[2]) E.A.St. v. 12. 12. 1908.
[3]) M.S.O. s. 62.
[4]) vgl. v. Hoffmann Einführung, S. 139.

Literaturübersicht.

(Die fett gedruckten Worte bezeichnen die im Text verwendeten Abkürzungen.)

Anson, The law and custom of the constitution. II. Band, The crown, 2. Teil, Oxford 1908.

Biermann, Rechtszwang zum Kontrahieren (Iherings Jahrbücher Bd. XXXII, Jena 1893).

Brode, British and German East Africa, London 1911.

Bursian, Die Häuser- und Hüttensteuer in D.O.A., Jena 1910.

Claß, Die Rechtsverhältnisse der freien farbigen Arbeiter in den deutschen Schutzgebieten Afrikas und der Südsee, Ulm 1913.

Enneccerus, Lehrbuch des bürgerlichen Rechts, Bd. I, 2. Abtlg., 6./8. Aufl., Marburg 1912.

Dernburg, Die Schuldverhältnisse 1. Abtlg., 4. Aufl., Halle 1909.

Gerstmeyer, Das Schutzgebietsgesetz, Berlin 1910.

Hall, A Treatise on the foreign powers and jurisdiction of the British crown, Oxford 1894.

Halsbury, The laws of England, 30 Bände, London 1907-1917.

Hatschek, Englisches Staatsrecht. I. Band: Die Verfassung, Tübingen 1905.

v. **Hoffmann, Einführung** in das deutsche Kolonialrecht, Leipzig 1911.

— Das deutsche Kolonialgewerberecht, Berlin 1906.

Jenkyns, British Rule and Jurisdiction beyond the seas, Oxford 1902.

Kol. Kongr., Verhandlungen des deutschen Kolonial-Kongresses, Berlin 1910.

v. **Landmann,** Kommentar zur Gewerbeordnung, Bd. I; 7. Aufl., München 1917. Bd. II; 5. Aufl., München 1907.

v. **Liszt,** Lehrbuch des deutschen Strafrechts, 18. Aufl., Berlin 1911.

Lotmar, Der Arbeitsvertrag nach dem Privatrecht des deutschen Reiches, Bd. I, Leipzig 1902.

Mathies, Die Beschränkung der Gewerbe- und Handelsfreiheit in den deutschen Schutzgebieten, Hamburg 1916.

Pollock, The Indian Contract Act with a commentary critical and explanatory, Bombay 1905.

Roemmer, Das Gouvernement von D.O.A., München 1916.

Rohrbach, Das deutsche Kolonialwesen, Leipzig 1914.

Rolin, Le droit de l'Uganda, Brüssel 1910.

Staudinger, Das Recht der Schuldverhältnisse, 2 Bände, 7./8. Aufl. Berlin 1912.

v. **Stengel,** Die Arbeiterfrage in den Kolonien (im Jahrbuch der internationalen Vereinigung für vergl. Rechtswissenschaft, Band VI, 1898).

Stigand, Administration in Tropical Africa, London 1914.

Tarring, Chapters on the law relating to the colonies, London 1906.

Weber, Die koloniale Finanzverwaltung, Münster 1909.

Wick, Die Farbigenrechtspflege in den deutschen Schutzgebieten, Münster 1914.

Zache, Deutschostafrika (in dem Sammelwerk „Deutschland als Kolonialmacht", Berlin 1914).

Zorn-Sassen, Deutsche Kolonialgesetzgebung, Berlin 1913.

Riebow-Zimmermann u. a, Die deutsche Kolonialgesetzgebung, 13 Bde., Berlin 1892/1910. **(zit.: R. Z.)**

Die Deutschostafrikanische Landesgesetzgebung, 1. Auflage Daressalam 1906. 2. Auflage, 2 Bände, Tanga 1911. **(zit.: L. G. G.)**

Die Entwicklung der deutschen Schutzgebiete in Afrika und in der Südsee, jährliche amtliche Denkschrift **(zit.: Denkschr.)**

Verhandlungen des Reichstags, Sten. Ber. (zit.: R.Tg.-Drucks.)
Verhandlungen des Gouvernementsrats des deutschostafrikanischen Schutzgebietes vom 20./23. 1. 1913., Daresalem 1913. (zit.: Gouv. R.)
Les Lois Organiques des colonies, Band I. Brüssel 1906. (zit.: Lois Organ.)
Law Reports East Africa. 3 Bde, 1906-1911 (zit.: E.A.L.R.).
Deutsches Kolonialblatt (zit.: D. K. Bl.).
Amtlicher Anzeiger für D.O.A. (zit.: A. A.)
Official Gazette of the East Africa Protectorate (zit.: O.G.).
Usambara Post (zit.: Us. P.).
The Anglo-Indian Codes ed. W. Stokes II. Bd. Oxford 1888 (zit.: A.I.C.).
The East African Standard (zit.: E.A.St.).
The African World (zit.: Afr.W.).
Zeitschrift für Kolonialrecht (zit.: K. R.).
Zeitschrift für Kolonial-Politik, Kolonialrecht und Kolonialwirtschaft (zit.: K. K. u. K.).

Weitere Abkürzungen.[1])

B. G. B.	=	Bürgerliches Gesetzbuch vom 18. 8. 1896.
Br. O. A.	=	Britischostafrika.
D. O. A.	=	Deutschostafrika.
F. J. A.	=	Foreign Jurisdiction Act von 1890. (Jenkyns, S. 267.)
Gw. O.	=	Reichsgewerbeordnung vom 26. 7. 1900.
Gew. St. V.	=	Deutschostafrikanische Gewerbesteuerverordnung vom 7. 12. 1907. (Zorn-Sassen, S. 573.)
I. C. A.	=	Indian Contract Act von 1872.
I. Cr. Pr.	=	Indian Criminal Procedure Code von 1882. (A. I. C. S. 36 ff.)
I. P. O.	=	Justices of the Peace O. vom 2. 3. 1910. (O. G. 1910 S. 98.)
K. G. G.	=	Gesetz über die Konsulargerichtsbarkeit vom 7. 4. 1900.
O.	=	Ordinance.
O. i. C.	=	Order in Council.
S.	=	Seite.
s.	=	section.
Sch. G. G.	=	Schutzgebietgesetz vom 10. 9. 1900.
St. G. B.	=	Strafgesetzbuch vom 15. 5. 1871.
V.	=	Verordnung.
Vill. H. O.	=	Village Headmans Ordinance von 1902 (O. G. 1902 S. 347.)
Z. P. O.	=	Zivilprozeßordnung vom 20. 5. 1898, 5. 6. 1905, 1. 6. 1909, 22. 5. 1910.

---

1) vgl. S. 16 ff.

FSC
www.fsc.org
MIX
Papier | Fördert gute Waldnutzung
FSC® C083411

Kolibri 360 GmbH
Ferdinand-Jühlke-Straße 7
99095 Erfurt, Deutschland
produktsicherheit@kolibri360.de